云计算工程师系列

Python 开发向导

主　编　肖　睿　盛鸿宇

副主编　库　波　张　永

中国水利水电出版社

www.waterpub.com.cn

·北京·

内 容 提 要

本书针对开发零基础的人群，采用案例或任务驱动的方式，由入门到精通，采用边讲解边练习的方式，使读者能够快速掌握 Python 开发。本书首先介绍了 Python 的基础知识，然后介绍了面向对象的编程，并通过开发游戏项目体验到开发的乐趣，最后介绍了 Python 高级开发、网络编程、进程和线程、数据结构等内容。

本书通过通俗易懂的原理及深入浅出的案例，并配以完善的学习资源和支持服务，为读者带来全方位的学习体验，包括视频教程、案例素材下载、学习交流社区、讨论组等终身学习内容，更多技术支持请访问课工场 www.kgc.cn。

图书在版编目（ＣＩＰ）数据

Python开发向导 / 肖睿，盛鸿宇主编. -- 北京 ：
中国水利水电出版社，2017.5（2019.2 重印）
　（云计算工程师系列）
　ISBN 978-7-5170-5403-0

Ⅰ．①P… Ⅱ．①肖… ②盛… Ⅲ．①软件工具－程序
设计 Ⅳ．①TP311.561

中国版本图书馆CIP数据核字(2017)第105388号

策划编辑：祝智敏　责任编辑：李　炎　加工编辑：赵佳琦　封面设计：梁　燕

书　　名	云计算工程师系列 Python开发向导 Python KAIFA XIANGDAO	
作　　者	主　编 肖　睿　盛鸿宇 副主编 库　波　张　永	
出版发行	中国水利水电出版社 （北京市海淀区玉渊潭南路1号D座 100038） 网　址：www.waterpub.com.cn E-mail：mchannel@263.net（万水） 　　　　sales@waterpub.com.cn 电　话：（010）68367658（营销中心）、82562819（万水）	
经　　售	全国各地新华书店和相关出版物销售网点	
排　　版	北京万水电子信息有限公司	
印　　刷	三河市铭浩彩色印装有限公司	
规　　格	184mm×260mm　16开本　15.5印张　341千字	
版　　次	2017年5月第1版　2019年2月第2次印刷	
印　　数	3001—6000册	
定　　价	48.00元	

丛书编委会

主　任：肖　睿

副主任：刁景涛

委　员：杨　欢　　潘贞玉　　张德平　　相洪波　　谢伟民
　　　　庞国广　　张惠军　　段永华　　李　娜　　孙　苹
　　　　董泰森　　曾谆谆　　王俊鑫　　俞　俊

课工场：李超阳　　祁春鹏　　祁　龙　　滕传雨　　尚永祯
　　　　张雪妮　　吴宇迪　　曹紫涵　　吉志星　　胡杨柳依
　　　　李晓川　　黄　斌　　宗　娜　　陈　璇　　王博君
　　　　刁志星　　孙　敏　　张　智　　董文治　　霍荣慧
　　　　刘景元　　袁娇娇　　李　红　　孙正哲　　史爱鑫
　　　　周士昆　　傅　峥　　于学杰　　何娅玲　　王宗娟

前　言

"互联网＋人工智能"时代，新技术的发展可谓是一日千里，云计算、大数据、物联网、区块链、虚拟现实、机器学习、深度学习等等，已经形成一波新的科技浪潮。以云计算为例，国内云计算市场的蛋糕正变得越来越诱人，以下列举了 2016 年以来发生的部分大事。

1. 中国联通发布云计算策略，并同步发起成立"中国联通沃云＋云生态联盟"，全面开启云服务新时代。

2. 内蒙古斥资 500 亿元欲打造亚洲最大云计算数据中心。

3. 腾讯云升级为平台级战略，旨在探索云上生态，实现全面开放，构建可信赖的云生态体系。

4. 百度正式发布"云计算＋大数据＋人工智能"三位一体的云战略。

5. 亚马逊 AWS 和北京光环新网科技股份有限公司联合宣布：由光环新网负责运营的 AWS 中国（北京）区域在中国正式商用。

6. 来自 Forrester 的报告认为，AWS 和 OpenStack 是公有云和私有云事实上的标准。

7. 网易正式推出"网易云"。网易将先行投入数十亿人民币，发力云计算领域。

8. 金山云重磅发布"大米"云主机，这是一款专为创业者而生的性能王云主机，采用自建 11 线 BGP 全覆盖以及 VPC 私有网络，全方位保障数据安全。

DT 时代，企业对传统 IT 架构的需求减弱，不少传统 IT 企业的技术人员，面临失业风险。全球最知名的职业社交平台 LinkedIn 发布报告，最受雇主青睐的十大职业技能中"云计算"名列前茅。2016 年，中国企业云服务整体市场规模超 500 亿元，预计未来几年仍将保持约 30% 的年复合增长率。未来 5 年，整个社会对云计算人才的需求缺口将高达 130 万。从传统的 IT 工程师转型为云计算与大数据专家，已经成为一种趋势。

基于云计算这样的大环境，课工场（www.kgc.cn）的教研团队几年前开始策划的"云计算工程师系列"教材应运而生，它旨在帮助读者朋友快速成长为符合企业需求的、优秀的云计算工程师。这套教材是目前业界最全面、专业的云计算课程体系，能够满足企业对高级复合型人才的要求。参与本书编写的院校老师还有盛鸿宇、库波、张永等。

课工场是北京大学下属企业北京课工场教育科技有限公司推出的互联网教育平台，专注于互联网企业各岗位人才的培养。平台汇聚了数百位来自知名培训机构、高校的顶级名师和互联网企业的行业专家，面向大学生以及需要"充电"的在职人员，针对与互联网相关的产品设计、开发、运维、推广和运营等岗位，提供在线的直播和录播课程，并通过遍及全国的几十家线下服务中心提供现场面授以及多种形式的教学服务，并同步研发出版最新的课程教材。

除了教材之外，课工场还提供各种学习资源和支持服务，包括：

- 现场面授课程
- 在线直播课程
- 录播视频课程
- 授课 PPT 课件
- 案例素材下载
- 扩展资料提供
- 学习交流社区
- QQ 讨论组（技术，就业，生活）

以上资源请访问课工场网站 www.kgc.cn。

本套教材特点

（1）科学的训练模式

- 科学的课程体系。
- 创新的教学模式。
- 技能人脉，实现多方位就业。
- 随需而变，支持终身学习。

（2）企业实战项目驱动

- 覆盖企业各项业务所需的 IT 技能。
- 几十个实训项目，快速积累一线实践经验。

（3）便捷的学习体验

- 提供二维码扫描，可以观看相关视频讲解和扩展资料等知识服务。
- 课工场开辟教材配套版块，提供素材下载、学习社区等丰富的在线学习资源。

读者对象

（1）初学者：本套教材将帮助你快速进入云计算及运维开发行业，从零开始逐步成长为专业的云计算及运维开发工程师。

（2）初中级运维及运维开发者：本套教材将带你进行全面、系统的云计算及运维开发学习，逐步成长为高级云计算及运维开发工程师。

课程设计说明

课程目标

读者学完本书后，能够使用 Python 快速开发各种应用。

训练技能

- 掌握 Python 基础编程，能够开发简单应用。
- 掌握 Python 面向对象编程，能够进行 GUI 编程、开发游戏项目。
- 掌握 Python 操作数据库 MySQL 和 Redis。
- 掌握 Python 迭代器、生成器和装饰器开发。
- 掌握 Python 网络编程、进程和线程高级开发。

设计思路

本书采用了"教材 + 扩展知识"的设计思路，扩展知识提供二维码扫描，形式可以是文档、视频等，内容可以随时更新，能够更好地服务读者。

教材分为 3 个阶段来设计学习过程，即 Python 开发基础、Python 面向对象编程、Python 高级开发，具体安排如下：

- 第 1 章～第 3 章介绍 Python 开发基础，包括 Python 变量与数据类型、字符串与列表、元组与字典、条件判断、循环、函数、变量作用域、lambda 函数、常用的内建函数。
- 第 4 章～第 7 章介绍类与对象、类的属性与方法、类的封装和继承、模块与包、文件读写与指针、文件和目录操作、异常处理、调试程序、GUI 编程、开发游戏项目。
- 第 8 章～第 13 章介绍 Python 操作数据库、正则表达式 re 模块、闭包、迭代器、生成器、装饰器、进程和线程、Socket 网络编程、同步、异步、阻塞、非阻塞、协程、序列化 &JSON、数据结构、Python 应用。

章节导读

- 技能目标：学习本章所要达到的技能，可以作为检验学习效果的标准。
- 本章导读：对本章涉及的技能内容进行分析并展开讲解。
- 操作案例：对所学内容的实操训练。
- 本章总结：针对本章内容的概括和总结。

- 本章作业：针对本章内容的补充练习，用于加强对技能的理解和运用。
- 扩展知识：针对本章内容的扩展、补充，对于新知识随时可以更新。

学习资源

- 学习交流社区（课工场）
- 案例素材下载
- 相关视频教程

更多内容详见课工场 www.kgc.cn。

目　录

第1章

Python 开发基础

技能目标

- 掌握 Python 的安装
- 掌握 Python 开发工具 IDLE
- 掌握 Python 字符串与列表
- 掌握 Python 元组与字典

本章导读

Python 是一种动态解释型的编程语言。Python 简单易学、功能强大、支持面向对象和函数式编程。可以在 Windows、Linux 等多个操作系统上使用,同时 Python 可以在 Java 和 .net 等开发平台上使用,因此也被称为"胶水语言"。Python 的简洁性、易用性使得开发过程变得简练,特别适用于快速应用开发。

知识服务

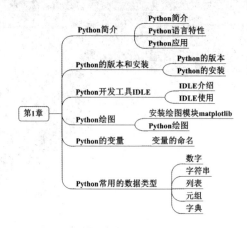

1.1 Python 简介

Python 语言诞生于 20 世纪 90 年代初，早期主要应用于做科学计算的研究机构。近些年由于 Web、大数据、人工智能的发展，已经成为最受欢迎的程序设计语言之一。

Python 使用 C 语言开发，但是 Python 不再有 C 语言中的指针等复杂数据类型。Python 的简洁性使得软件的代码大幅度地减少，开发任务进一步简化。因此，程序员关注的重点不再是语法特性，而是程序所要实现的任务。Python 语言的主要特点如下。

（1）简单： Python 语言的关键字比较少，它没有分号，代码块使用空格或制表键（Tab）缩进的方式来分隔，简化了循环语句。Python 的代码简洁、短小，易于阅读。

（2）易学：Python 极其容易上手，因为 Python 有极其简单的说明文档。

（3）免费、开源： 使用者可以自由地复制这个软件，阅读它的源代码并对它做改动，甚至把它的一部分用于新的自由软件中。

（4）高层语言：无需考虑诸如如何管理内存一类的底层细节。

（5）可移植性：由于 Python 已经被移植在许多平台上（经过改动，它能够在不同平台上工作），这些平台包括 Linux、Windows 等。

（6）解释性： Python 语言写的程序不需要编译成二进制代码，可以直接从源代码运行程序。

在计算机内部，Python 解释器把源代码转换成字节码的中间形式，然后再把它翻译成计算机使用的机器语言并运行。

（7）面向对象：Python 既支持面向过程的编程也支持面向对象的编程。

（8）可扩展性：Python 是采用 C 语言开发的，因此可以使用 C 扩展 Python。

（9）可嵌入性：可以把 Python 嵌入 C/C++ 程序，从而使程序向用户提供脚本功能。

（10）丰富的库：Python 标准库很庞大。可以帮助处理各种工作，包括正则表达式、文档生成、单元测试、线程、数据库、网页浏览器、CGI、FTP、电子邮件、XML、XML-RPC、HTML、WAV 文件、密码系统、GUI（图形用户界面）、Tkinter 和其他与系统有关的操作。

Python 之所以成为流行的编程语言，与它广泛的应用场景是分不开的。

（1）系统编程：能方便进行系统维护和管理，是很多 Linux 系统管理员理想的编程工具。

（2）图形处理：有 PIL、Tkinter 等图形库支持，能方便地进行图形处理。

（3）数学处理：NumPy 扩展提供了大量与标准数学库的接口。

（4）文本处理：Python 提供的 re 模块能支持正则表达式，还提供 SGML，XML 分析模块。

（5）数据库编程：Python 可以操作 Microsoft SQL Server，Oracle，MySQL 等数据库。

（6）网络编程：提供丰富的模块支持 sockets 编程，能方便快速地开发分布式应用程序。

（7）Web 编程：可以作为 Web 应用程序的开发语言。

（8）多媒体应用：Python 的 PyOpenGL 模块封装了"OpenGL 应用程序编程接口"，能进行二维和三维图像处理。PyGame 模块可用于编写游戏软件。

1.2　Python 的版本和安装

目前 Python 有版本 2 和版本 3 这两个版本，它们并不兼容，语法存在差别，许多 Python 初学者都会问：我应该学习哪个版本的 Python。对于这个问题，最好的回答通常是"先选择一个最适合你的 Python 教程，教程中使用哪个版本的 Python，就用哪个版本，等学得差不多了，再来研究不同版本之间的差别"。

Python 的安装比较简单，开发工具 IDLE 也会被同时安装。

1. 下载 Python

可以在 Python 的官方网站下载，网址是 http://www.python.org，选择 Downloads 找到 Windows 下的安装文件，下载版本 2.7.8 的 Python 安装包，如图 1.1 所示。

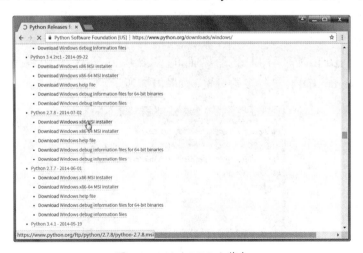

图 1.1　Python2.7.8 安装包

2. 安装 Python

双击 Python 安装包进行安装，然后选择安装文件的位置，进入设置界面，如图 1.2 所示。

直接使用默认的设置，点击 next 进行安装。完成安装后，在"开始"菜单中可以看到 Python 安装成功后的启动菜单。

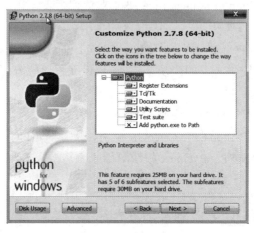

图 1.2　安装 Python

1.3　Python 开发工具 IDLE

学习 Python 语言，首先要掌握开发工具 IDLE，它可以方便地运行代码和做相关的调试，实现了代码的语法加亮、代码提示和代码补全等智能化的功能。

1. IDLE 参数设置

安装 Python 后，我们可以从"开始"菜单→"所有程序"→ Python 2.7 → IDLE（Python GUI）来启动 IDLE。启动后默认是 Shell 模块，每输入一行代码按回车后，代码会马上执行。

初次使用 IDLE 时，可以设置界面的参数，方便代码的编写。通过菜单 Options → Configure IDLE 进行参数设置，如图 1.3 所示。

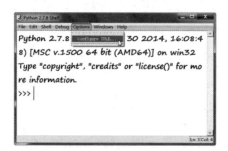

图 1.3　配置 IDLE 参数菜单

在 Fonts/Tabs 选项卡中可以选择容易阅读的字体 Segoe Print，大小选择 16，使用黑体 Bold，此时的界面文字易于读写，如图 1.4 所示。

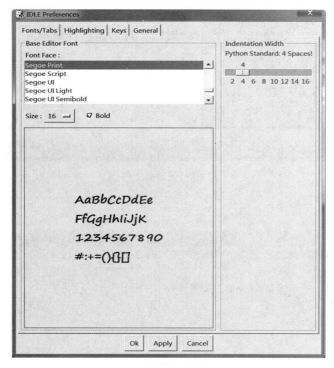

图 1.4　字体设置

2. 利用 IDLE 编写代码

IDLE 为开发人员提供了许多有用的特性，如自动缩进、语法高亮显示、单词自动完成以及命令历史等，在这些功能的帮助下，能够有效地提高开发效率。下面通过 Python 程序创建一个目录 d:\ppp，来演示 Python 的编码方式，输入的代码如下：

```
>>> import os
>>> os.mkdir('d:\ppp')
```

输入上面 2 行代码后，在 D 盘下面创建了文件夹 ppp，我们可以查看 D 盘下面是否多了一个 ppp 文件夹。第一行代码的作用是导入 os 模块，需要和操作系统交互的功能通过调用它来实现；第二行是调用 mkdir 函数，它的作用是创建文件夹。

同样的功能使用其他语言编写的代码量要比 Python 多，Python 语言的简单由此可以体现出来。

3. IDLE 的编辑模式

前面说过打开 IDLE 的初始界面是 Shell 模式，每输入一行代码按回车键后，代码马上执行，可以使用 IDLE 的编辑模式，把多行代码作为一个文件保存，一起执行。点击菜单的 File → New File，可以打开 IDLE 的编辑模式，创建新文件如图 1.5 所示。

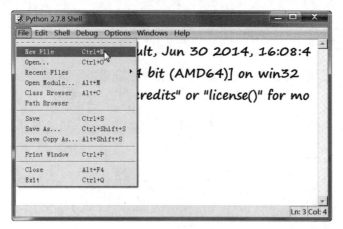

图 1.5　创建新文件

打开的编辑模式如图 1.6 所示。

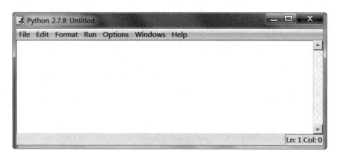

图 1.6　编辑模式

在编辑模式输入前面示例中的代码，生成文件夹 mmm，代码如下：

```
import os
os.mkdir('d:\mmm')
```

执行代码有两种方式，一种是点击菜单的 Run → Run Module（F5），保存为 d:\ pythonTest\test1.py，使用 Python 编写的文件扩展名是 .py，如图 1.7 所示。

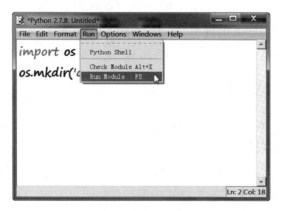

图 1.7　运行程序

执行成功后，D 盘生成 mmm 文件夹。另一种方式是直接双击 test1.py 文件，可以先删除文件夹 mmm 再执行，文件夹被重新创建。

使用编辑模式可以方便地对整个代码段进行编辑，所以后面章节都会采用编辑模式进行代码的编写。

4. IDLE 的快捷键

使用 IDLE 编写代码时，记住常用的快捷键能达到快速编码的效果，最常用的是 Tab 键，它具有补全代码的功能，如图 1.8 所示，其他快捷键在 Options → Configure IDLE → Keys 中可以查看或修改。

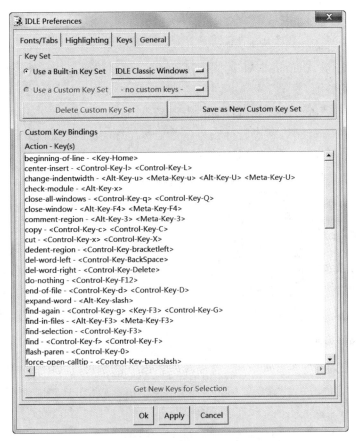

图 1.8　快捷键设置

总的来说，Python 的开发环境 IDLE 使用虽然比较简单，但是在 Python 的程序开发中起了很大的作用。

1.4　Python 绘图

前面讲到创建文件夹需要导入 Python 自带的 os 模块和系统进行交互，这里用

Python 绘图作为一个例子，讲解 Python 模块的安装方式和使用方法。

1. 安装绘图模块

要在 Python 中实现绘图，需要安装 matplotlib，它是绘制二维图形的 Python 模块，用 Python 语言实现了 MATLAB 画图函数的易用性，同时又有非常强大的可定制性。但 matplotlib 还需要依赖其他安装包，有 numpy、pyparsing、dateutil、six。

（1）python-2.7.8.amd64.msi

（2）matplotlib-1.4.0.win-amd64-py2.7.exe

（3）numpy-MKL-1.8.0.win-amd64-py2.7.exe

（4）pyparsing-2.0.3.win-amd64-py2.7.exe

（5）python-dateutil-2.2.win-amd64-py2.7.exe

（6）six-1.7.3.tar.gz

需要注意的是，Python 2.7.8 的版本是 64 位，所以其他安装文件也必须是 64 位，如果不匹配则安装不上。

以 .exe 为扩展名的安装包可以直接双击依次安装，而最后的 six-1.7.3.tar.gz 这个安装包需要使用命令行的方式进行安装。首先解压缩 six-1.7.3.tar.gz 到 D 盘根目录，然后进入到命令行模式，执行以下命令：

```
C:\Users\Administrator\myApp> cd D:\six-1.7.3\six-1.7.3
C:\Users\Administrator\ myApp>d:
D:\six-1.7.3\six-1.7.3> python setup.py install
……省略内容
Installed d:\python27\lib\site-packages\six-1.7.3-py2.7.egg
Processing dependencies for six==1.7.3
Finished processing dependencies for six==1.7.3
```

上面的安装包都安装成功后，就可以使用 matplotlib 模块进行绘图操作了。

2. Python 绘图

以画柱状图为例演示 matplotlib 模块，在 Python 的编辑模式中输入代码如下：

```
import matplotlib.pyplot as plt
plt.bar(left=1,height=6,width=4)
plt.show()
```

点击 Run → Run Module 执行代码，输出如图 1.9 所示。

输出了一个柱状图，下面分析这三行代码的作用。

（1）第一行，导入了 matplotlib.pyplot 模块，别名是 plt。

（2）第二行，使用别名调用它的 bar 函数，画出左边距是 1，宽是 4，高是 6 的柱状图。

（3）第三行，显示出图形。

通过 bar 函数还可以画出多个柱状图，只需要简单地调整以上代码即可。

```
import matplotlib.pyplot as plt
```

```
plt.bar(left=(1,6),height=(6,10),width=4)
plt.show()
```

执行后显示的图形如图 1.10 所示。

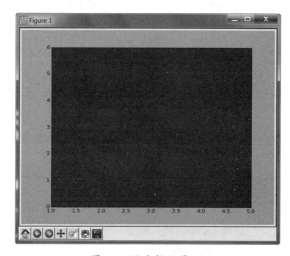

图 1.9　输出柱状图 (1)

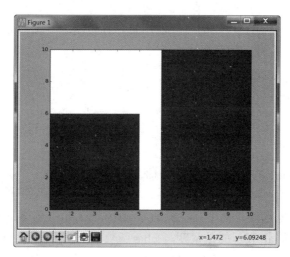

图 1.10　输出柱状图（2）

和输出一个柱状图不同的是，定义两个左边距是 1 和 6，高分别是 6 和 10，显示了两个柱状图。

通过以上的例子不难看出，Python 语言的使用非常简洁，语法非常明确。

1.5　Python 的变量

对 Python 的模块和使用有了初步的了解后，下面对 Python 的语法进行学习，首先来了解 Python 变量的使用。

变量是计算机内存中的一块区域，变量可以存储任何值，而且值可以改变。变量名由字母、数字和下划线组成，要注意的是第 1 个字符必须是字母或下划线，不能是数字，也不能使用 Python 的关键字，而且英文大小写字母敏感，例如：

```
>>> var_1 =1
>>> _var1=2
>>> print(var_1)
1
>>> print(_var1)
2
```

var_1 和 _var1 都是合法的变量名，print() 是输出函数，能够输出变量的值，也可以不使用小括号。

下面代码使用了错误的变量命名方式：

```
>>> #name=1
>>> 3K=1
>>> print=1
```

其中 #name 使用了 # 号，3K 是以数字开头，print 是 Python 的关键字，所以它们都是非法的命名。

使用变量的目的是提高代码的可读性，使之容易修改，把前面生成柱状图的代码用变量的方式调整，看看有什么变化。

```
import matplotlib.pyplot as plt
left_1 = 1
left_2 = 6
height_1 = 6
height_2 = 10
width_all = 4
plt.bar(left=(left_1,left_2),height=(height_1,height_2),width=width_all)
plt.show()
```

left_1 和 left_2 表示的是两个柱状图的左边距，height_1 和 height_2 表示的是两个柱状图的高度，width_all 表示的是宽度，在 bar 函数中可以用变量名直接引用变量的值。使用变量的好处比如需要修改第 2 个柱状图的高度，只需要把对应的变量 height_2 的值进行修改，而不需要修改引用到变量的地方。所以变量命名时需要注意，往往要用能明确表示含义的变量名，以便于引用和修改。

Python 中的变量不需要声明，变量的赋值操作即是变量声明和定义的过程，如 _var1=1 即是声明和定义的过程。还可以给几个变量同时赋值，代码如下：

```
>>> a,b,c = 1,2,3
>>> print a
1
>>> print a,b,c
1 2 3
```

a,b,c=1,2,3 同时给三个变量进行了赋值操作,简化了多个变量赋值的代码。前面的例子中用到的 left=(left_1,left_2) 也是给多个变量赋值的例子。

1.6 Python 常用的数据类型

Python 内置的数据类型有数字、字符串、元组、列表和字典。

1.6.1 数字

数字类型包括整型、浮点型、布尔型等,声明时由 Python 内置的基本数据类型来管理变量,在程序的后台实现数值与类型的关联以及转换等操作,根据变量的值自动判断变量的类型。因此,程序员不需要关心变量空间是什么类型,只要知道创建的变量中存放了一个数,只用对这个数值进行操作。

1. 整型和浮点型

整数使用整型表示,有小数位使用浮点型表示,代码如下:

```
>>> x = 123
>>> print x
123
>>> x=1.98
>>> print x
1.98
```

以上代码首先定义了变量 x=123,此时的 x 值是整数,x 即是整型变量,当 x=1.98 时,x 又成为了浮点型变量,由此可以看出,变量的类型是能改变的,与 Java、C# 语言等是有区别的。这是因为当 Python 给已经存在的变量再次赋值时,实际上是创建了一个新的变量,即使变量名相同,但标识并不相同,变量的标识可以使用 id 函数输出。

```
>>> x =123
>>> print (id(x))
34115888
>>> x=1.98
>>> print (id(x))
38956088
```

以上代码都是对变量 x 的标识进行输出,赋值前后的标识并不相同。

2. 布尔型

布尔型用于逻辑运算,有 2 个值 True 和 False,表示真和假。

```
>>> f = True
>>> print f
True
```

```
>>> if(f):
    print 1
1
```

代码定义了变量 f=True，if 是判断语句，为真则执行 print 语句，最后输出的是 1，说明语句执行成功。

使用比较运算符返回的结果是布尔值，示例代码如下：

```
>>> 3>4
False               // 假
>>> 4.15 >2.1
True                // 真
```

3．Python 运算符

Python 中使用的算术运算符和数学运算中使用的符号基本相同，由 +、-、*、/（加、减、乘、除）和小括号组成，运算顺序也是先乘除后加减、小括号优先。下面演示几个示例说明它们的使用方法：

```
>>> x,y = 10,2
>>> print x+y,x*y,x/y
12 20 5
>>> print 5 + 8 * 3
29
>>> print (5+8)*3
39
>>> print 5+ 8*3/4
11
```

还有两个算术运算符是 % 和 **（求模运算和求幂运算），求模运算取余数，求幂是计算累乘的结果，示例代码如下：

```
>>> 8%5
3
>>> 8%4
0
>>> 2**2
4
>>> 2**4
16
```

8%5 是 8 除以 5 后的余数 3，8%4 是 8 除以 4 后的余数 0；2**2 是 2 的 2 次幂，即 2*2=4，

2**4 即 2 的 4 次幂，即 2*2*2*2 = 16。

Python 不支持自增运算符 ++ 和自减运算符 --。

1.6.2　字符串

Python 中的字符串类型是一组包含数字、字母和符号的集合，作为一个整体使用。

1. 字符串的使用

在 Python 中有三种表示字符串的方式：单引号、双引号、三引号，示例如下：

```
>>> name = ' 课工场 '
>>> address = " 成府路 207 号 "
>>> content = "' 每时每课,
给你新机会 "'
>>> print name
课工场
>>> print address
成府路 207 号
>>> print content
每时每课,
给你新机会
```

变量 name 使用单引号，变量 address 使用双引号，变量 content 使用三引号，它们都是合法的 Python 字符串类型。需要注意的是，单引号和双引号作用是一样的，可以根据习惯使用，但定义多行文字时，必须要使用三引号。

字符串的应用是非常多的，下面在柱状图的代码中加入字符串的使用。

```
import matplotlib.pyplot as plt
left_1 = 1
left_2 = 6
height_1 = 6.5
height_2 = 10.8
width_all = 4
title = 'cylinder'          // 字符串变量
plt.bar(left=(left_1,left_2),height=(height_1,height_2),width=width_all)
plt.title(title)            // 使用字符串变量
plt.show()
```

定义了字符串变量 title，用于输出柱状图片的标题，如图 1.11 所示。

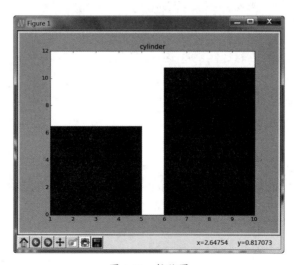

图 1.11　柱状图

2．使用字符串注意事项

字符串的定义方式在大部分情况下作用是相同的，但在特殊情况中的使用也有所区别，下面列出需要注意的地方。

（1）它们是成对出现的，如以单引号开头就要以单引号结尾，不能混合使用表示字符串。如下代码就会报错：

```
>>> name = " 课工场 '
SyntaxError: EOL while scanning string literal
>>> name =" 课工场 '"
SyntaxError: EOL while scanning string literal
```

（2）如果字符串中单独出现单引号或双引号，可以使用另一种引号定义，代码如下：

```
>>> title1 ="Let' Go!"            // 双引号定义
>>> print title1
Let' Go！
>>> title2 = 'Let" Go !'          // 单引号定义
>>> print title2
Let" Go！
>>> title3 = '''Let' Go！Let" Go!'''   // 三引号定义
>>> print title3
Let' Go！Let" Go！
```

字符串变量 title1 中出现了单引号，需要使用双引号定义，字符串变量 title2 中出现了双引号，需要使用单引号定义。当字符串中同时出现单引号和双引号，就需要使用三引号进行定义。

（3）当字符串中出现单引号、双引号等特殊字符时，还可以使用转义字符定义。Python 中的转义字符是 "\"，只要在特殊字符前面加上 "\"，就可以原样输出，而不用去管定义字符串使用的是单引号还是双引号，代码如下：

```
>>> title = 'Let\' Go!'           // 转义字符单引号
>>> print title
Let' Go!
>>> title = "Let\" Go!"           // 转义字符双引号
>>> print title
Let" Go!
```

常用的转义字符如表 1-1 所示。

表 1-1　转义字符

转义字符	作用
\（在行尾时）	续行符
\\	反斜杠符号
\'	单引号

转义字符	作用
\"	双引号
\n	换行
\v	纵向制表符
\t	横向制表符
\r	回车

3. 字符串的其他用法

Python 的字符串可以进行乘法的操作，可以用一个整型数字和字符串相乘，如用数字 3 乘字符串 'a'，结果是字符串 aaa，相同于字符串 'a' 连接了 3 遍，代码如下：

```
>>> print 3*'a'
aaa
```

Python 的字符串乘法非常实用，可以在写代码时带来很大的便利性，下面演示一个复杂的例子，代码如下：

```
space = ' '              // 空格字符串
print " 每时每课，给你新机会 "
print space*2 + " 每时每课，给你新机会 "
print space*4 + " 每时每课，给你新机会 "

// 执行结果
>>>
每时每课，给你新机会
  每时每课，给你新机会
    每时每课，给你新机会
```

定义一个空格字符串变量 space，在输出时使用字符串乘法决定输出的格式，很容易地实现了文字前面的空格。在其他语言中要想实现这种效果，代码要复杂得多，Python 的简洁性体现的非常明显。

1.6.3　列表

列表（list）是 Python 中非常重要的数据类型，通常作为函数的返回类型。由一组元素组成，列表可以实现添加、删除和查找操作，元素值可以被修改。

1. 列表的定义

列表是 Python 内置的一种数据结构，由中括号定义，元素以逗号分开，语法如下：

```
列表名 = [ 元素 1, 元素 2,…]
```

对柱状图代码加入列表的使用，代码如下：

```
import matplotlib.pyplot as plt
left_all = [1,9]                                        // 列表
height_all = [6,10]                                     // 列表
width_all = 4
title = "cylinder"
plt.bar(left=left_all,height=height_all,width=width_all)        // 使用列表
plt.title(title)
plt.show()
```

之前的代码中变量 left 是接收 2 个变量，现在只需要 1 个列表变量 left_all 即可。

2. 列表的取值

（1）列表中的数据是有序的，按定义时的顺序排好，可以单独取出某一位置元素的数值，法语是：

```
列表名 [ 索引位置 ]
```

示例代码如下：

```
>>> num =['001','002','003']
>>> print num[0]
001
>>> print num[1]
002
>>> print num[2]
003
```

定义了列表 num，存储了三个字符串顺序是 '001'、'002'、'003'，取值时用列表名 num 加上中括号，数字表示索引位置，需要注意位置是由 0 开始依次递增。

（2）可以获取列表指定范围的一组元素，语法如下：

```
列表名 [ 起始位置 : 终止位置 ]
```

可以输出起始位置到终止位置前的元素，示例代码如下：

```
>>> num =['001','002','003']
>>> print num[0:1]
['001']
>>> print num[0:2]
['001', '002']
>>> print num[0:3]
['001', '002', '003']
>>> print num[1:2]
['002']
>>> print num[1:3]
['002', '003']
```

[0:1] 表示由索引位置 0 开始，索引位置 1 之前的元素，所以只能取到第 1 个元素，

[0:2] 可以取到索引位置 2 之前的元素，其他的与此相同。

3. 修改列表元素值

可以修改指定位置的列表元素值，语法如下：

列表名 [索引位置] = 值

示例代码如下：

```
>>> num =['001','002','003']
>>> num[0] ='004'              // 修改
>>> print num
['004', '002', '003']
```

定义列表时，索引位置 0 的元素是 '001'，修改它的值为 '004' 后，索引位置 0 元素变为了 '004'。

4. 添加列表元素

（1）可以把一个元素添加到列表的最后，语法如下：

列表名 .append(元素值)

示例代码如下：

```
>>> num =['001','002','003']
>>> print num
['001', '002', '003']
>>> num.append('004')          // 末尾添加新元素
>>> print num
['001', '002', '003', '004']
```

使用 append('004') 后，'004' 被添加到列表的末尾。

（2）在列表指定位置前插入新的元素，语法如下：

列表名 .insert(索引位置 , 元素值)

示例代码如下：

```
>>> num =['001','002','003']
>>> num.insert(1,'004')
>>> print num
['001', '004', '002', '003']
```

语句 insert(1,'004') 的作用是在索引位置 1 前插入 '004'，索引位置 1 的当前元素是 '002'，'004' 插入到它的前面。

5. 删除列表元素

可以删除列表指定索引位置的元素，语法如下：

del 列表名 [索引位置]

示例代码如下：

```
>>> num =['001','002','003']
>>> del num[1]
>>> print num
['001', '003']
```

使用 del 删除索引位置为 1 的元素 '002' 后，输出列表 num 中已经不存在 '002' 元素。

6. 查找列表元素

使用 in 关键字可以查找列表中是否存在指定的数值，语法如下：

```
元素值 in 列表名，返回布尔类型 True 或 False。
```

示例代码如下：

```
>>> num =['001','002','003']
>>> '001' in num
True
>>> '004' in num
False
```

字符串 '001' 在列表中存在，返回 True；字符串 '004' 在列表中不存在，返回 False。

7. 合并列表

多个列表可以使用加号进行合并，示例代码如下：

```
>>> num1 =['001','002']
>>> num2 =['003','004']
>>> numAll = num1 + num2
>>> print numAll
['001', '002', '003', '004']
>>> numAll = num2 + num1
>>> print numAll
['003', '004', '001', '002']
```

定义了两个列表 num1 和 num2，使用加号进行合并操作时，加号后面的列表元素会追加到前面列表的后面。

8. 重复列表

使用星号可以对列表进行重复操作，与单独字符串乘法操作相似，示例代码如下：

```
>>> num1 = ['001','002']
>>> num = num1*5
>>> print num
['001', '002', '001', '002', '001', '002', '001', '002', '001', '002']
```

列表 num1*5 表示 num1 的元素出现 5 遍。

9．列表常见问题

（1）索引越界是使用列表时经常犯的一个错误，如列表中有 3 个元素，因为索引位置是从 0 开始计算，所以最大的索引值是 2，如果索引值大于 2，就表示索引是越界的，程序无法执行，示例代码如下：

```
>>> num1 = ['001','002','003']
>>> print num1[5]

Traceback (most recent call last):
  File "<pyshell#48>", line 1, in <module>
    print num1[5]
IndexError: list index out of range
```

索引值为 5 时，大于最大的索引值 2，程序报索引越界错误。那么当使用小于 0 的负数索引时会不会出错呢？答案是不会，因为 Python 列表的负数索引表示的是由列表的末尾进行反向的取值，也就是最后一个元素的位置也可以使用索引值 -1，倒数第二个索引是 -2，向前依次递减，示例代码如下：

```
>>> num1 = ['001','002','003']
>>> print num1[-1]
003
>>> print num1[-2]
002
>>> print num1[-3]
001
```

（2）当获取列表指定范围的一组元素时，不存在列表索引越界的问题，示例代码如下：

```
>>> num = ['001','002','003']
>>> num1 = num[1,5]
>>> print num1
['002', '003']
```

列表 num 中有 3 个元素，获取列表范围时指定了最大位置是 5，超出了最大索引值，程序仍可以正常执行，并没有报错。

（3）获取列表指定范围时可以同时使用正数和负数索引，示例代码如下：

```
>>> num = ['001','002','003']
print num[0:-1]
['001', '002']
```

表示由索引位置 0 元素开始，到 -1 元素之前的所有元素。

（4）列表元素也可以是列表，示例代码如下：

```
>>> num = [['001','002','003'],['101','102','103'],['201','202','203']]
>>> print num[0]
```

```
['001', '002', '003']
>>> print num[0][0]
001
>>> print num[2][1]
202
```

定义了列表 num，它里面的每一个元素也是一个列表，使用 num[0] 表示取到的是第一个元素值，对应的是一个列表。使用 num[0][0] 表示取到第一个元素列表的第一个值，使用 print num[2][1] 表示取到第 2 个列表的第 1 个元素值。

1.6.4　元组

元组（tuple）和列表类似，也是 Python 的一种数据结构，由不同的元素组成，每个元素可以存储不同类型的数据，如字符串、数字，甚至元组。但元组是不可以修改的，即元组创建后不能做任何的修改操作，元组通常表示一行数据，而元组中的元素表示不同的数据项。

1. 元组的创建

元组由关键字小括号定义，一旦创建后就不能修改元组的内容，定义的语法如下：

元组名 = (元素 1, 元素 2,...)

对修改柱状图的代码，加入元组的定义，示例代码如下：

```
import matplotlib.pyplot as plt
left_all = (1,9)                    // 元组
height_all = (6,10)                 // 元组
width_all = 4
title = "cylinder"
plt.bar(left=left_all,height=height_all,width=width_all)
plt.title(title)
plt.show()
```

这段代码依然可以正常运行，与使用列表并没有区别。元组与列表最大的不同是它是写保护的，创建后不能做任何的修改，下面我们定义一个元组，尝试对它修改，示例代码如下：

```
>>> num = ('001','002','003')
>>> num[0] = '004'

Traceback (most recent call last):
  File "<pyshell#59>", line 1, in <module>
    num[0] = '004'
TypeError: 'tuple' object does not support item assignment
```

定义元组 num 后，尝试对索引位置 0 的元素值进行修改，程序直接报错。

元组与列表的区别如表 1-2 所示。

表 1-2　元素与列表的区别

	列表	元组
元素	方括号	圆括号
可变性	可变	不可变
操作	添加、修改、删除、搜索	搜索

　　在使用时元组与列表区别并不大，那么为什么要使用元组呢？主要是因为元组是不可变的，操作速度比列表快，而且因为它不可以修改，数据更加安全，所以要根据实际情况决定是使用元组还是列表，使程序更加高效合理。

2. 元组的操作

　　（1）元组具有不可变性，所以相比列表的操作要少，其中取值操作与列表是完全相同的，示例代码如下：

```
>>> num = ('001','002','003')
>>> print num[0]
001
>>> print num[2]
003
```

　　与列表的取值操作完全相同，都是使用方括号作为关键字取值。
　　（2）元组不允许删除元组中的元素值，但是可以删除整个元组，语法如下：

```
del 元组名
```

　　示例代码如下：

```
>>> num = ('001','002','003')
>>> del num[0]                      // 删除元素，报错

Traceback (most recent call last):
  File "<pyshell#65>", line 1, in <module>
    del num[0]
TypeError: 'tuple' object doesn't support item deletion
>>> print num
('001', '002', '003')
>>> del num                         // 删除元组后元组不存在，报错
>>> print num

Traceback (most recent call last):
  File "<pyshell#68>", line 1, in <module>
    print num
NameError: name 'num' is not defined
```

　　定义元组 num，删除某一个元素后，程序报错；删除整个元组后，再想使用元组，报未定义变量的错误。

（3）元组和列表可以做互相转换操作，元组转换为列表的语法如下：

```
list( 列表名 )
```

示例代码如下：

```
>>> num = ('001','002','003'            // 元组
>>> listNum = list(num)                  // 转换为列表
>>> print listNum
['001', '002', '003']
>>> listNum[0]='004'                     // 修改列表
>>> print listNum
['004', '002', '003']
>>> print type(num)                      // 输出元组类型
<type 'tuple'>
>>> print type(listNum)                  // 输出列表类型
<type 'list'>
```

这段代码首先定义了元组 num，然后把它转换为列表 listNum，对列表 listNum 可以做修改元素的操作，使用 type() 函数输出了元组的列表类型。

列表转换为元组的语法如下：

```
tuple( 列表名 )
```

示例代码如下：

```
>>> num = ['001','002','003']
>>> tupleNum = tuple(num)
>>> print type(num)
<type 'list'>
>>> print type(tupleNum)
<type 'tuple'>
```

可以看到转换是成功的，输出的类型正确。

1.6.5 字典

字典（dict）是 Python 中重要的数据类型，字典是由"键 - 值"对组成的集合，字典中的值通过键来引用。

1. 字典的创建

字典的每个元素是由"键 - 值"对（key-value）组成的，键和值之间使用冒号分隔，"键 - 值"对之间用逗号隔开，并且被包含在一对花括号中。键是唯一的，不能存在多个，且它的值是无序的，键可以是数字、字符串、元祖，一般用字符串作键。定义的语法如下：

```
字典名 = { 键 1: 值 1, 键 2: 值 2, …}
```

示例代码如下：

```
>>>mobile = {'Tom':'19911111111','Alice':'19922222222','Bob':'19933333333'}
>>> print mobile
{'Alice': '19922222222', 'Bob': '19933333333', 'Tom': '19911111111'}
>>> print type(mobile)
<type 'dict'>
```

定义了一个字典 mobile，存储的键是姓名，值是电话号码，它们构成了对应的关系，使用 type 函数可以查看到它的类型是 'dict'。

2. 字典的取值操作

字典的取值与元组和列表有所不同，元组和列表都是通过数字索引获取对应位置的值，而字典是通过键获取对应的值。取值的语法如下：

字典 [键]

示例代码如下：

```
>>>mobile = {'Tom':'19911111111','Alice':'19922222222','Bob':'19933333333'}
>>> print mobile["Tom"]
19911111111
>>> print mobile["Bob"]
19933333333
```

分别使用键 "Tom" 和 "Bob" 可以获取到它们对应的值。

需要注意的是键是唯一的，而不同键的值却可以相同，当定义多个键相同时，字典中只会保留最后一个定义的"键 - 值"对，示例代码如下：

```
>>> mobile = {'Tom':'19911111111','Tom':'19922222222','Tom':'19933333333'}
>>> print mobile
{'Tom': '19933333333'}
```

字典中定义了 3 个"键 - 值"对，它们的键是相同的，最后输出时只有最后一个定义的"键 - 值"对存在。

3. 字典的添加、修改、删除操作

（1）字典添加新元素只需要对新键进行赋值即可，字典中不存在的键，会自动进行添加。示例代码如下：

```
>>> mobile = {'Tom':'19911111111','Alice':'19922222222'}
>>> mobile['Bob'] = '19933333333'
>>> print mobile
{'Alice': '19922222222', 'Bob': '19933333333', 'Tom': '19911111111'}
```

字典的键 'Bob' 在定义时并不存在，赋值后，键 'Bob' 被添加到字典中。

字典"键 - 值"对的键名是区分大小写的，作为不同的键使用，示例代码如下：

```
>>> mobile = {'Tom':'19911111111','tom':'19922222222'}
>>> print mobile
```

```
{'tom': '19922222222', 'Tom': '19911111111'}
```

键 'Tom' 和 'tom' 都在字典中存在，是不同的键。

（2）修改字典中的元素，直接使用存在的键赋值，示例代码如下：

```
>>> mobile = {'Tom':'19911111111','Alice':'19922222222'}
>>> mobile['Tom'] = '19933333333'
>>> print mobile
{'Alice': '19922222222', 'Tom': '19933333333'}
```

对已经存在的键 'Tom' 的对应值进行了修改。

（3）删除字典中的元素，使用 del 函数，语法如下：

```
del 字典名 [ 键 ]
```

示例代码如下：

```
>>> mobile = {'Tom':'19911111111','Alice':'19922222222'}
>>> del mobile['Tom']
>>> print mobile
{'Alice': '19922222222'}
```

使用 del 删除键 'Tom'，字典中的对应键不存在了。

4．字典的常见问题

字典不能使用"+"运算符执行连接操作，示例代码如下：

```
>>> mobile1 = {'Tom':'19911111111','Alice':'19922222222'}
>>> mobile2 = {'Tom2':'19911111111','Alice2':'19922222222'}
>>> print mobile1+mobile2

Traceback (most recent call last):
  File "<pyshell#125>", line 1, in <module>
    print mobile1+mobile2
TypeError: unsupported operand type(s) for +: 'dict' and 'dict'
```

使用"+"运算符直接报错，说明不能使用。

5．字典的应用示例

下面做一个字典的应用示例，用于演示字典的使用方式，先输入代码再来分析它的使用情况：

```
kgc ={}
# 接收键盘输入的用户名和密码
name = '--Please input user: '
user = raw_input(name)
pwd = raw_input("password: ")
kgc[user] = pwd
print kgc
# 根据用户名查询密码
```

```
name = '--user searched: '
key = raw_input(name)
print kgc[key]
```

首先定义了空的字典 kgc，它用于存储用户名和密码的"键 - 值"对；然后使用 raw_input() 函数接收键盘输入的用户名和密码，保存到字典 kgc 中；最后使用键盘输入一个用户名，在字典中查找它对应的键。程序的执行过程如下所示：

```
-- Please input user: Tom
password: 111
{'Tom': '111'}
--user searched: Tom
111
```

输入的用户名是 Tom，密码是 111，查询时输入用户名 Tom，就可以把它对应的密码找到。

本章总结

● Python 是一种动态解释型的编程语言。Python 简单易学、功能强大、支持面向对象和函数式编程。

● Python 自带的开发工具是 IDLE。

● Python 编写的代码文件扩展名是 .py。

● 变量名由字母、数字和下划线组成，要注意的是第 1 个字符必须是字母或下划线，不能是数字，不能使用 Python 的关键字，而且英文大小写字母敏感。

● Python 的数据类型有整型、浮点型、布尔型、字符串、元组、列表和字典。

● 列表由一组元素组成，可以实现添加、删除和查找操作，元素值可以被修改。

● 元组和列表类似，也是 Python 的一种数据结构，由不同的元素组成，每个元素可以存储不同类型的数据，但元组是不可以修改的。

● 字典是由"键 - 值"对组成的集合，字典中的值通过键来引用。

本章作业

1. 在列表中存储 5 个人的姓名，由用户输入新的姓名，追加到列表结尾。

2. 在字典中存储 5 个学生的学号和姓名，由用户输入学号，输出学生的姓名。

3. 用课工场 APP 扫一扫，完成在线测试，快来挑战吧！

随手笔记

第2章

Python 条件与循环

技能目标

- 掌握条件语句 if
- 掌握循环语句 while
- 掌握循环语句 for
- 掌握循环控制语句 break 和 continue

本章导读

在程序的执行过程中，经常要使用条件判断语句决定程序的执行流程，还要使用循环语句进行相同代码的重复执行。它们在任何语言中都是非常重要的组成部分，熟练掌握才能更好地控制程序。

知识服务

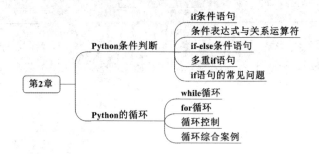

2.1　Python 条件判断

条件语句是指根据条件表达式的不同计算结果，使程序流转到不同的代码块。Python 中的条件语句是 if 语句和 if-else 语句。

2.1.1　if 条件语句

if 语句用于判断某个条件是否成立，如果成立，则执行语句内的程序，否则跳过 if 语句执行后面的内容，语法格式如下：

```
if( 条件 ):
    语句块
```

if 语句的执行过程是，如果条件的布尔值为真，则执行语句块，否则跳过语句块，继续执行后面的语句。语句块是一组程序语句，Python 的语法中没有用 Java 等语言中的花括号表示一组语句，而是采用空格缩进的方式表示一组语句，通常用 4 个空格表示一组语句，使程序员在编码时减少了代码的工作量。下面示例展示了 if 的使用。

```
money = 100
if ( money > 99 ):              //冒号结尾
    print " 语句 1"            //缩进 4 个空格
    print " 语句 2"            //缩进 4 个空格

//输出结果
>>>
语句 1
语句 2
```

定义变量 money=100，使用 if 语句时，条件 money>99 的值是布尔值 True，执行下面的 2 条打印语句，这 2 条打印语句前面都有 4 个空格，表示它们是一个语句块。

下面再来演示一个复杂点的示例，熟悉 if 语句的使用场景。

```
print ' 请输入学生考试成绩 '
score = input()
print score >= 60
```

```
if score >= 60 :                        // 冒号结尾，省略圆括号
    print ' 合格 '                       // 缩进 4 个空格

// 输出结果
>>>
请输入学生考试成绩
80
True
合格
```

变量 score 保存键盘输入的成绩 80，当 if 语句判断成绩大于 60 时，输出"合格"。

2.1.2　条件表达式与关系运算符

使用 if 语句时，要用到条件表示式和关系运算符，它们可以经过运算得到布尔值。如前面示例的 score>=60 就是一个使用关系运算符">="的条件表达式，表示如果 score 大于等于 60，则表达式的结果是 True（真），否则为 False（假）。条件表达式的语法如下：

```
操作数 关系运算符 操作数
```

前后为 2 个数值，中间使用关系运算符比较，得到布尔值。常用的关系运算符如表 2-1 所示。

表 2-1　关系运算符

关系运算符	说明
==	等于
!=	不等于
>	大于
<	小于
>=	大于等于
<=	小于等于

下面用代码演示它们的运算结果。

```
>>> print 10==9
False
>>> print 10!=9
True
>>> print 10 > 9
True
>>> print 10 < 9
False
>>> print 10 >= 9
True
```

```
>>> print 10 <= 9
False
```

语句 10==9 是等于判断，它们不相等，结果是 False。语句 10!=9 是不等于判断，它们不相等，结果是 True。其他的几种也是采用相同的方式进行判断，从而得到结果。

2.1.3　if-else 条件语句

if 语句还可以加上 else 关键字，根据条件判断，决定执行不同的语句块。当条件为真时，执行语句块 1；当条件为假时，执行语句块 2，语法如下：

```
if( 条件 ):
    语句块 1
else:
    语句块 2
```

示例代码如下：

```
print ' 请输入学生考试成绩 '
score = input()
if score >= 60 :
    print ' 合格 '
else:
    print ' 需要努力 '

// 输出结果
>>>
请输入学生考试成绩
80          // 执行第 1 遍，输入 80
合格

请输入学生考试成绩
50          // 执行第 2 遍，输入 50
需要努力
```

第 1 遍执行时，输入 80，条件为 True，执行 print ' 合格 ' 语句；第 2 遍执行时，输入 50，条件为 False，执行 print ' 需要努力 ' 语句。所以 if-else 是在根据条件决定程序需要执行的内容时使用。语法上要注意 if 和 else 后面都是要使用冒号，它们前面的空格缩进是相同的，表示它们是一个整体，而它们对应的语句块也是同级的，空格缩进是相同的，整体的代码看起来比其他语言更加简洁易懂。

2.1.4　多重 if 语句

if-else 语句通过条件判断使程序能够有 2 条执行路径，但有时还需要更多路径进行处理，这时可以加入 elif 关键字处理。语法如下：

```
If( 条件 1):
    语句块 1
elif( 条件 2):
    语句块 2
elif( 条件 3):
    语句块 3
......
else:
    语句块
```

当条件 1 成立时，执行条件 1 对应的语句块 1；当条件 2、3 成立时，分别执行对应的语句块；当前面的条件都不成立时，执行 else 对应的语句块。示例代码如下：

```
print ' 请输入学生考试成绩 '
score = input()
if score >= 90:
    print ' 优秀 '
elif score >=70:
    print ' 良好 '
elif score >=60:
    print ' 合格 '
else:
    print ' 需要努力 '

// 输出结果
>>>
100
优秀

80
良好

60
合格

50
需要努力
```

输入不同的值，输出结果不同，执行了不同的语句块。其中 else 语句是一个可选项，可以有也可以没有，可以根据程序的需要灵活把握。

2.1.5　if 语句的常见问题

（1）使用 if-elif-else 语句时，容易出现逻辑错误，因为条件是由上向下判断，如果条件成立，下面的条件判断将不再执行。在前面示例代码中，如果把条件颠倒过来，比如把 score>=60 放到 score>=90 的上面，那么输入 100 时，首先判断的 score>=60 是成立的，则不会再执行 score>=90 的判断语句，程序将无法按要求得到结果。以下代码就是逻辑错误的典型情况：

```
score = input()
if score >=60:
    print ' 优秀 '
elif score >=70:
    print ' 良好 '
elif score >= 90:
    print ' 合格 '
```

（2）if 语句中语句块没有缩进也是容易犯的错误，如下代码直接报错：

```
score = input()
if score >=90:
print ' 优秀 '                    // 没有缩进
```

还要保证同级的语句缩进空格的绝对一致，即使只有一个空格的差别，它们已经表示不同的语句块了，如下代码所示：

```
score = input()
if score >=90:
print ' 优秀 1'                   // 没有缩进
  print ' 优秀 2'                 // 多了一个空格
```

第 2 条输出语句比第 1 条多了 1 个空格，执行时会报错。

（3）对于由其他语言转为 Python 的程序员，由于习惯经常会忘记表达式后面的冒号，因此需要多练习以熟悉语法。

2.2　Python 的循环

编写程序时经常有部分代码需要重复运行，Python 提供了 while 和 for 进行循环操作。

2.2.1　while 循环

（1）while 循环可以根据条件进行判断，决定是否要循环执行语句块，语法如下：

```
while 循环条件 :
    循环操作语句
```

循环条件后面也是要使用冒号，然后缩进写循环操作语句，先判断条件是否成立，如果为 True，则执行循环操作语句；如果为 False，则跳出循环。示例代码如下：

```
count = 0
while (count <5):
```

```
    count = count+1
print count

// 结果
>>>
5
```

变量 count 初始值是 0，当 count<5 时，循环执行 count=count+1 语句。如果第 1 遍执行时，条件是 0<5，结果为 True，则执行 count=count+1 语句，count 值变为 1，此时已经没有其他语句同级，则返回来重新执行 while 的条件判断；此时条件是 1<5，依然成立，则再执行 count=count+1，count 值变为 2；依此类推，当 count 等于 4 的时候，条件 4<5 成立，执行 count=count+1 语句，count 变为 5；此时再对条件 5<5 进行判断，结果为 False，退出 while 循环，最后的输出结果是 5。

下面再来看一个复杂的示例，加深对 while 循环的理解：

```
i= 1
sum = 0
while i <= 5:                               // 循环条件
    print ' 请输入第 %d 门课程的考试成绩 ' %i      // 格式化，后面介绍
    sum = sum +input()                       // 循环操作
    i = i + 1
avg = sum / ( i - 1 )
print '5 门课程的平均成绩是 %d'%avg              // 格式化，后面介绍

// 结果
>>>
请输入第 1 门课程的考试成绩
77
请输入第 2 门课程的考试成绩
55
请输入第 3 门课程的考试成绩
88
请输入第 4 门课程的考试成绩
56
请输入第 5 门课程的考试成绩
55
5 门课程的平均成绩是 66
```

用于控制循环的变量 i 初始值为 1，while 条件表达式是 i <= 5，循环语句块中 i = i +1，说明循环语句块可以执行 5 次。其中 print ' 请输入第 %d 门课程的考试成绩 ' %i 使用了格式化输出的形式，在下面会介绍到，现在先理解为显示输入的是第几门课程的成绩，然后表示总成绩的变量 sum 会接收 5 次键盘输入的数值。当循环结束后，输出 5 门成绩的平均值，使用 sum 除以 i-1 是因为循环结束后 i 的值是 6 时跳出循环，所以要做 -1 处理。

（2）上面示例有 2 处使用了字符串的格式化输出，代码如下：

```
print ' 请输入第 %d 门课程的考试成绩 ' %i
print '5 门课程的平均成绩是 %d'%avg
```

字符串的格式化是将若干值插入带有"%"替代符的字符串中，从而可以动态地输出字符串，字符串中的"%d"，表示插入的是一个整型数据，字符串后面的"%i"表示取的是变量 i 的值。

字符串格式化中可以使用的替代符除了"%d"，还有其他的替代符，如表 2-2 所示。

表 2-2　替代符

替代符	描述
%d	格式化整型
%s	格式化字符串
%f	格式化浮点数字

下面演示这几种替代符的使用情况。

```
num = 5
numStr = "5"
numF = 5.55
print " 第 %d 名 "%num
print " 第 %s 名 "%numStr
print " 符数是：%f"%numF

// 结果
>>>
第 5 名
第 5 名
符数是：5.550000
```

字符串中使用对应的替代符，把相应的变量插入到了相应的位置上。

字符串中还可以使用多个替代符，对应的变量使用元组即可，示例代码如下：

```
first = 1
second = 2
print " 第 %d 名和第 %d 名 "%(first,second)

// 结果
>>>
第 1 名和第 2 名
```

使用时要注意顺序，位置不能放错，否则可能会出现类型不匹配的问题。

还可以使用字典格式化多个值，示例代码如下：

```
num = {"first":1,"second":2}
print " 第 %(first)d 名和第 %(second)d 名 "%num
```

```
// 结果
>>>
第 1 名和第 2 名
```

因为字典是无序的，所以使用字典时需要把键指定出来，明确哪个位置要用哪个键值。

（3）对于编写好的代码，经过一段时间之后，有可能会忘记代码的具体作用，所以代码中要写一些注释文字，以便于日后阅读和修改代码。Python 中使用 # 加空格开头表示注释，可以对前面代码加上注释如下：

```
# 输入 5 门课程的考试成绩，计算平均成绩            位置 1
# 初始化循环计数器 i
i = 1
# 初始化总成绩变量 sum
sum = 0
# 重复执行 5 次接收考试成绩，求和的操作
while i <= 5:
    print ' 请输入第 %d 门课程的考试成绩 ' %i
    # 每门课程计入总成绩
    sum = sum +input()
    i = i + 1                 # 计数器 i 增加 1    位置 2
# 计算平均成绩
avg = sum / ( i - 1 )
# 输出平均成绩
print '5 门课程的平均成绩是 %d'%avg
```

使用 # 加空格开头，Python 解释器不会做任何处理，可以提高代码的可读性。在行开头就使用 # 加空格的称为单行注释，如位置 1；紧随同行代码以 # 加空格开头的称为行内注释，如位置 2。注释并不是在每一行都需要，只要把不易读的代码做注释即可。

（4）while 循环可以嵌套使用，示例代码如下：

```
1 j = 1                      # 初始化外层循环计数器 j
2 prompt = ' 请输入学生姓名 :'
3 while j <= 2:              # 外层循环
4     sum = 0                # 每个人的总成绩清零
5     i = 1                  # 初始化内层循环计数器 i
6     name = raw_input(prompt)
7     while i <= 5:          # 内层循环
8         print ' 请输入第 %d 门课程的考试成绩 ' %i
9         sum = sum +input()
10        i = i + 1
11    avg = sum / ( i - 1 )
12    print '%s 的 5 门课程的平均成绩是 :%d'%(name,avg)
13    j = j+1
14 print ' 学生成绩输入完成 '
```

本例对前面示例做了修改，外层循环用于输入学生名字，用变量 j 控制循环次数，

共 2 次；内层循环用于输入 5 门课程成绩，用变量 i 控制。也就是在外层循环输入一个名字后，需要输入 5 门成绩，然后输出这名学生的成绩平均值，一共可以输入 2 名学生的成绩。Python 的代码结构在这里是非常明确的，当第 3 行外层循环执行时，从第 4 行到第 13 行是一个整体执行，当第 7 行内层循环执行时，第 8 行到第 10 行是一个整体执行，这种在循环中还有循环的结构称为嵌套循环。嵌套循环是编写程序时经常使用的结构，嵌套还可以有更多层，但一般不会使用超过三层的嵌套。

第 4 行的代码 sum = 0 放在了外层循环里，是因为每次输入一个人的 5 门课程成绩后，sum 需要进行清零处理，如果不这样做，sum 的值就会保存，程序就无法达到预期的目的。

2.2.2　for 循环

for 循环是另一种用于控制循环的方式，while 是使用条件判断执行循环，而 for 是使用遍历元素的方式进行循环。

1. for 循环的几种方式

for 循环的语法结构如下：

```
for 变量 in 集合 :
    语句块
```

有以下几种常用使用方式。

（1）for 循环可以对字符串进行遍历，逐个获得字符串的每个字符，示例代码如下：

```
for letter in 'Python':
    print 'Current letter:%s'%letter

// 结果
>>>
Current letter:P
Current letter:y
Current letter:t
Current letter:h
Current letter:o
Current letter:n
```

语句 "for letter in 'Python':" 的作用是对 'Python' 字符串的字符逐个遍历，把字符赋值给变量 letter，然后执行 for 对应的语句块。如第一遍执行时，letter 的值是 "P"，执行输出语句，然后返回再执行 for 语句，letter 的值是 "y"，依此类推，当执行完最后一遍后，for 循环已经没有字符可以获得，循环退出。

（2）for 循环可以对列表和元组进行遍历，示例代码如下：

```
fruits = [" 西瓜 "," 苹果 "," 葡萄 "]
for fruit in fruits:
```

```
    print fruit

// 结果
>>>
西瓜
苹果
葡萄
```

语句 "for fruit in fruits:" 的作用是遍历列表 fruits 中的元素，把元素赋值给 fruit，输出语句每次输出一个水果。

（3）需要循环操作相同的内容时，可以将 for 循环和 range() 函数结合使用，先看看 range() 函数的作用，示例代码如下：

```
print range(0,5)
print range(0,5,2)

// 结果
>>>
[0, 1, 2, 3, 4]
[0, 2, 4]
```

range(0,5) 输出的是一个列表，由第一个参数 0 开始，默认每次加 1，当大于等于第二个参数时结束，所以列表中不包括第二个参数值。range(0,5,2) 多了第三个参数 2，作用是每次加 2，最后的列表值是 "[0,2,4]"。所以 range() 函数的作用是创建一个数字列表，取值范围是从起始数字开始到结束数字之前的内容。for 循环可以对列表进行遍历，所以可以对 range() 函数的结果进行遍历。

示例代码如下：

```
for i in range(0,5):
    print ' 北京欢迎您 '

// 结果
>>>
北京欢迎您
北京欢迎您
北京欢迎您
北京欢迎您
北京欢迎您
```

range(0,5) 是由 0 ～ 4 组成的列表，循环共执行了 5 遍，输出语句执行了 5 遍，变量 i 的值就是每次遍历列表的元素值。

2. for 循环示例

下面演示一个 for 循环的示例，代码如下：

```
subjects = ('Python','MySQL','Linux')
sum = 0
```

```
for i in subjects:
    print ' 请输入 %s 考试成绩 :'%i
    score = input()
    sum +=score                    # 与 sum = sum+score 等价
avg = sum / len(subjects)
print ' 小明的平均成绩是 %d ' %avg

// 结果
>>>
请输入 Python 考试成绩 :
11
请输入 MySQL 考试成绩 :
22
请输入 Linux 考试成绩 :
33
小明的平均成绩是 22
```

这段代码的作用是接收三门课程的成绩，计算并输出平均成绩。使用 for 循环遍历课程列表 subjects，接收成绩后使用 sum 累加，最后输出平均成绩。

3. 逻辑运算符

任何语言中都有逻辑表达式，它是用逻辑运算符和变量连接起来的表达式，逻辑运算符如表 2-3 所示。

表 2-3　逻辑运算符

运算符	名称	描述
and	逻辑与	如果两个操作数都为 True，则表达式值为 True
or	逻辑或	如果两个操作数中有一个为 True，则表达式值为 True
not	逻辑非	求反运算，如果操作数值为 True，则表达式值为 False，如果操作数值为 False，则表达式值为 True

下面演示逻辑运算符的使用方法。

```
>>> print (not True)
False
>>> print (True and False)
False
>>> print (True or False)
True
```

not 是求反运算，所以 not True 的结果是 False；and 是与运算，只要有一个值是 False，结果就是 False，所以 (True and False) 的结果是 False；or 是或运算，只要有一个值是 True，结果就是 True，所以 (True or False) 的结果是 True。

下面对成绩做一个有效性的判断，示例代码如下：

```
>>> score =180
>>> if(score<0 or score >100):
    print ' 成绩错误，不能小于 0 或大于 100'
成绩错误，不能小于 0 或大于 100
>>> if(not (score>=0 and score <=100)):
    print ' 成绩错误，不能小于 0 或大于 100'
成绩错误，不能小于 0 或大于 100
```

这里定义成绩变量 score 值是 180，使用了 2 种逻辑表达式进行判断，第 1 种是使用 if(score<0 or score >100)，作用是判断 score 小于 0 或者大于 100 时条件成立，180 大于 100，所以执行输出语句；第 2 种是使用 if(not (score>=0 and score <=100))，这是同时使用 not 和 and 进行的运算，首先计算 (score>=0 and score <=100)，判断 score 如果在 1 到 100 之间，结果是 True，而 score 的值是 180，结果是 False，然后 not 对它进行取反运算，得到的结果是 True，所以条件成立，执行输出语句。这 2 种方式的作用是相同的，但第 1 种方式更容易理解，实际编写代码时要根据情况，选择容易理解的方式。

4. for 循环嵌套

同 while 循环一样，for 循环也可以使用嵌套的方式，示例代码如下：

```
students =[' 小明 ',' 小张 ']
subjects = ('Python','MySQL','Linux')
for student in students:                # 第 1 层循环
    sum = 0
    for subject in subjects:            # 第 2 层循环
        print ' 请输入 %s 的 %s 考试成绩 :'%(student,subject)
        score = input()
        sum +=score
    avg = sum / len(subjects)
    print '%s 的平均成绩是 %d ' %(student,avg)

// 结果
>>>
请输入 小明 的 Python 考试成绩 :
11
请输入 小明 的 MySQL 考试成绩 :
22
请输入 小明 的 Linux 考试成绩 :
33
小明的平均成绩是 22
请输入 小张 的 Python 考试成绩 :
33
请输入 小张 的 MySQL 考试成绩 :
44
```

请输入 小张 的 Linux 考试成绩：
55
小张的平均成绩是 44

第 1 层循环用于对学生进行遍历，第 2 层循环控制对课程进行遍历，与 while 的
方式基本相同。此处需要注意的是 for 循环没有使用 i、j 这样没有意义的变量名，而
是使用了 student、subject 这种名称明确的变量名，使程序的可读性更强，避免了引用
变量时出现引用错误的情况。

2.2.3　循环控制

当使用 while 和 for 做循环操作时，有可能需要改变循环的正常执行顺序，这时就
需要用循环控制语句来实现，循环控制语句有 break 和 continue。

1．break

在循环的语句块中使用 break 语句，可以跳出整个循环。下面对输出平均成绩的
代码进行修改，当成绩无效时，使用 break 退出循环，示例代码如下：

```
1 students =[' 小明 ',' 小张 ']
2 subjects = ('Python','MySQL','Linux')
3 for student in students:                # 第 1 层循环
4     sum = 0
5     for subject in subjects:            # 第 2 层循环
6         print ' 请输入 %s 的 %s 考试成绩 :'%(student,subject)
7         score = input()
8         if(score<0 or score>100):
9             print ' 输入的成绩需要大于 0 或小 100，循环退出 '
10            break;                       #break 退出第 2 层循环
11        sum +=score
12    avg = sum / len(subjects)
13    print '%s 的平均成绩是 %d ' %(student,avg)

// 结果
>>>
请输入 小明 的 Python 考试成绩：
111
输入的成绩需要大于 0 或小 100，循环退出
小明的平均成绩是 0
请输入 小张 的 Python 考试成绩：
```

其中大部分是前面的代码，只是在第 8 ～ 10 行加入了成绩有效性的判断，不符合
条件，则退出循环。当输入 111，这是不符合条件的数值，程序执行 8 ～ 10 行，break
退出 for 循环，break 只和一个 for 循环对应，虽然有 2 层循环，但它只会结束离它最
近的循环，这里就是第 2 层 for 循环。第 2 层循环结束后，接着执行后面的第 12 行和

13 行代码，第 1 层的循环照常遍历执行，可以开始输入第 2 个学生"小张"的成绩。

2. continue

continue 的作用和 break 不同，它不是结束整个循环，而是跳过当前一轮循环体的剩余语句，重新测试循环状态，准备进入下一轮循环，示例代码如下：

```
1  students =[' 小明 ',' 小张 ']
2  subjects = ('Python','MySQL','Linux')
3  for student in students:              # 第 1 层 for 循环
4      sum = 0
5      i = 0
6      while(i < len(subjects)):          # 第 2 层 while 循环
7          print ' 请输入 %s 的 %s 考试成绩 :'%(student,subjects[i])
8          score = input()
9          if(score<0 or score>100):
10             print ' 输入的成绩需要大于 0 或小 100，重新输入 '
11             continue;                 # 跳到下一轮循环
12          sum +=score
13          i = i+1
14      avg = sum / len(subjects)
15      print '%s 的平均成绩是 %d ' %(student,avg)


// 结果
>>>
请输入 小明 的 Python 考试成绩：
11
请输入 小明 的 MySQL 考试成绩：
111
输入的成绩需要大于 0 或小 100，重新输入
请输入 小明 的 MySQL 考试成绩：
22
请输入 小明 的 Linux 考试成绩：
33
小明的平均成绩是 22
请输入 小张 的 Python 考试成绩：
```

第 1 层使用的是 for 循环遍历学生，第 2 层使用 while 循环遍历成绩，使用 continue 是跳到离它最近的循环的下一轮，也就是第 2 层的 while 循环的下一轮。因为执行 continue 后，第 13 行的 i= i+1 没有执行，而是重新又执行第 6 行的 while 循环，所以就是对当前课程的成绩进行重新输入。当输入 MySQL 的成绩为 111 时，提示数据有误，然后又提示需要重新输入 MySQL 成绩，这样使得代码更加健壮。

2.2.4　循环综合案例

本节演示一个综合案例，对掌握循环语句非常重要。

1．需求描述

本案例的需求如下：

（1）显示操作的菜单，有 3 个选项，分别用字母 N、E、Q 表示。

（2）N 表示输入新的用户名和密码。

（3）E 表示使用用户名和密码登录。

（4）Q 表示退出程序。

2．编写功能

整体代码较多，为了演示清楚，采用分步完成功能的方式。

（1）首先输出菜单，输入字母 N、E、Q 后执行相应代码块，代码如下：

```
kgc ={}            #字典，用于保存用户名和密码
1 prompt = '''
  (N)ew User Login
  (E)ntering User Login
  (Q)uit
Enter choice:'''
2 while True:                    # 整体的循环制，只有输入 q 时程序退出
3   choice = raw_input(prompt).strip()[0].lower()
  print '\n--You picked : [%s]' % choice
4   if choice not in 'neq':
      print '--invalid option,try again--'
  else:
5     if choice=='n':
        print 'input n'
    elif choice=='e':
        print 'input e'
    else :
        print 'quit'
6        break
```

变量 prompt 是显示菜单的内容，位置 3 的语句"raw_input(prompt).strip()[0].lower()"的作用是接收键盘输入的字符串，使用 strip() 函数去掉字符串前后的空格，然后取第一个字符。函数 lower() 的作用是把字符变成小写字母，为后面的条件判断作准备。

位置 2 的 while True 表示后面的语句块会不停的循环执行，只当用户输入 q 时，才会执行位置 6 的 break 语句，循环才能退出。

位置 4 是判断用户输入的字符是不是 n、e、q 这三个字母，如果不是则输出'--invalid option,try again--'，重新再执行位置 2 的循环。如果是 n、e、q 的其中一个，则执行位置 5，进入到对应的条件中，执行对应的功能。

（2）在上面代码的基础上编写 n 对应的功能，代码如下：

```
// 省略前面的代码
    if choice=='n':
```

```
           prompt1 = 'login desired:'
1            while True:
               name = raw_input(prompt1)
2              if(kgc.has_key(name)):
                  prompt1 ='--name taken,try another:'
3                 continue
               else:
4                 break
           pwd = raw_input('password:')
           kgc[name] = pwd
elif choice=='e':
// 省略
```

当输入 n 时，进行到代码块，位置 1 使用 while True 不停循环，位置 2 的函数 has_key() 用于判断字典 kgc 中是不是已经存在了用户名，如果存在，则执行位置 3 的 continue 语句继续下次循环，让用户重新输入用户名；如果不存在，则执行位置 4 的 break 语句，退出 while 循环。然后再输入对应的密码，把用户名和密码保存到字典中。

（3）字符 e 对应的功能是登录，代码如下：

```
// 省略前面的代码
elif choice=='e':
       name = raw_input('login:')
       pwd = raw_input('password:')
1       password = kgc.get(name)
2     if password  == pwd:
          print '--welcome back--',name
       else:
          print '--login incorrect--'
    else :
       print 'quit'
       break
// 省略
```

进入字符 e 对应的功能输入用户名 name 和密码 pwd 后，在位置 1 处通过输入的用户名在字典 kgc 中查找对应的密码 password。位置 2 用于判断字典中的密码和用户输入的密码是否相同，如果相同，则输出欢迎文字；如果不同，则输出登录失败的文字。

（4）通过上面的步骤可以清楚地理解整个程序的执行流程，整体的代码如下：

```
kgc = {}
prompt = '''
   (N)ew User Login
   (E)ntering User Login
   (Q)uit
Enter choice:'''
while True:
   choice = raw_input(prompt).strip()[0].lower()
```

```
          print '\n--You picked : [%s]' % choice
          if choice not in 'neq':
              print '--invalid option,try again--'
          else:
              if choice=='n':
                  prompt1 = 'login desired:'
                  while True:
                      name = raw_input(prompt1)
                      if(kgc.has_key(name)):
                          prompt1 ='--name taken,try another:'
                          continue
                      else:
                          break
                  pwd = raw_input('password:')
                  kgc[name] = pwd
              elif choice=='e':
                  name = raw_input('login:')
                  pwd = raw_input('password:')
                  password = kgc.get(name)
                  if password  == pwd:
                      print '--welcome back--',name
                  else:
                      print '--login incorrect--'
              else :
                  print 'quit'
                  break
```

// 结果
```
>>>
   (N)ew User Login
   (E)ntering User Login
   (Q)uit
Enter choice:n

--You picked : [n]
login desired:marry
password:111

   (N)ew User Login
   (E)ntering User Login
   (Q)uit
Enter choice:e

--You picked : [e]
login:marry
password:111
--welcome back-- marry
```

```
    (N)ew User Login
    (E)ntering User Login
    (Q)uit
Enter choice:q

--You picked : [q]
quit
```

　　执行程序时，输入 n 选择输入新用户 marry 和密码 111，然后再输入 e，使用用户名 marry 和密码 111 登录，显示的是"--welcome back--marry"，最后输入 q 时程序退出，说明程序是执行成功的。读者也可以自行尝试其他流程，理解程序的控制方式。

本章总结

- if 语句用于判断某个条件是否成立，如果成立，则执行语句内的程序，否则跳过 if 语句执行后面的内容。
- 使用 if-else 条件判断语句使程序能够有 2 条执行路径，但有时还需要更多条路径进行处理，这时可以加入 elif 处理。
- while 循环可以根据条件进行判断，决定是否要循环执行语句块。
- for 循环是另一种用于控制循环的方式，while 是使用条件判断执行循环，而 for 是使用遍历元素的方式进行循环。
- 在循环的语句块中使用 break 语句，可以跳出整个循环。
- continue 的作用是跳过当前一轮循环体的剩余语句，重新测试循环状态，准备进入下一轮循环。

本章作业

　　1. 企业员工上班时需要使用员工编号签到，员工编号等信息已经保存在了字典中，需要使用 while 循环控制多人可以签到，输入为 q 时，程序退出。

　　2. 输入 5 门功课的成绩，计算输出平均成绩，使用 for 循环控制。

　　3. 用课工场 APP 扫一扫，完成在线测试，快来挑战吧！

随手笔记

第3章

Python 函数

技能目标

- 掌握自定义函数
- 理解变量作用域
- 掌握 lambda 函数
- 掌握 Python 内建函数

本章导读

对于重复使用的代码，需要编写为自定义函数便于重复使用，函数可以分为无参函数和带参函数。Python 除了本身的语法结构，还提供了常用的内建函数。内建函数是程序员经常使用到的方法，可以提高程序编写的效率。

知识服务

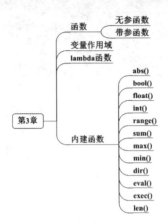

3.1　函数

函数是一段可以重复使用的代码，通过传递的参数返回不同的结果，前面章节已经使用了 Python 定义的函数如 range()、len()、input() 等，本节将讲解用户自定义的函数。

对于重复使用的代码，需要编写为自定义函数便于重复使用。函数可以分为无参函数和带参函数，下面将分别进行讲解。

1. 无参函数

（1）自定义无参函数并不复杂，语法格式如下：

```
def 函数名称 ():
    代码块
    return [ 表达式 ]
```

以关键字 def 开始，后面跟函数名和小括号，以冒号开头并缩进，最后使用 return 退出函数，有表达式则传递返回值，没有则返回 None。函数是以字母、数字和下划线组成的字符串，但是不能以数字开头。

无参函数的调用语法如下：

```
[ 变量 ] = 函数名称 ()
```

使用赋值运算符 "=" 可以获得函数的返回值，使用函数时必须先定义再调用，否则程序会出现错误。

下面是无参函数的一个示例，代码如下：

```
def add():        # 定义函数
    op1 = 10
    op2 = 20
    rt = op1+op2
    print op1,'+',op2,'=',rt
    return
add()        # 调用函数
```

```
// 输出结果
>>>
10 + 20 = 30
```

定义了无参函数 add()，它输出 10+20 的结果值，return 没有返回值，而是直接使用函数名 add() 进行调用。

把上面的代码进行修改，用 return 返回结果值，代码如下：

```
def add():
    op1 = 10
    op2 = 20
    rt = op1+op2
    return rt

i = add()        # 函数返回值赋值给 i
print ' 结果是 :',i

// 输出结果
>>>
结果是 : 30
```

函数 add() 使用 return 返回相加的结果值，变量 i 接收函数 add() 返回的值。Python 在处理返回值时，如果没有 return 语句，会默认返回 None，程序并不会报错。

下面再演示一个示例，输出九九乘法表，示例代码如下：

```
def nineMultiTab():      # 函数定义
    op1 = (1,2,3,4,5,6,7,8,9)
    op2 = (1,2,3,4,5,6,7,8,9)
    for i in op1:
        for j in op2:
            print i,"*", j,"=",i*j
    return

nineMultiTab()         # 函数调用
```

定义函数 nineMultiTab()，用嵌套的 for 循环输出乘法表，最后返回空值。直接用函数名调用，不需要用变量接收。

（2）使用函数时经常会犯一些错误，总结如下：

函数的定义要先于函数的调用，否则会出错。

函数体的代码是一个整体，要注意缩进。

定义函数时要使用冒号，但调用时不可以使用冒号。

（3）前面讲到函数是一段重复使用的代码，它也可以使程序的设计条理更加清晰、结构简单易懂。下面对上一章使用菜单进行注册和登录的示例进行修改，首先把 n、e 的功能编写为函数，代码如下：

```
kgc = {}
def newuser():          # 注册新用户函数
    prompt1 = 'login desired:'
```

```
    while True:
        name = raw_input(prompt1)
        if(kgc.has_key(name)):
            prompt1 ='--name taken,try another:'
            continue
        else:
            break
    pwd = raw_input('password:')
    kgc[name] = pwd

def olduser():          # 登录函数
    name = raw_input('login:')
    pwd = raw_input('password:')
    password = kgc.get(name)
    if password == pwd:
        print '--welcome back--',name
    else:
        print '--login incorrect--'
```

字符 n、e 对应的功能使用函数表示，把整个函数体再作为一个函数，分别调用上面的 2 个函数，代码如下：

```
def showmenu():        # 定义菜单函数
    prompt = '''
        (N)ew User Login
        (E)ntering User Login
        (Q)uit
    Enter choice:'''
    while True:
        choice = raw_input(prompt).strip()[0].lower()
        print '\n--You picked : [%s]' % choice
        if choice not in 'neq':
            print '--invalid option,try again--'
        else:
            if choice=='n':
                newuser()         # 调用函数 newuser()
            elif choice=='e':
                olduser()         # 调用函数 olduser()
            else :
                print 'quit'
                break
```

此时代码的修改已经完成，代码清晰易懂，最后只需要调用菜单函数 showmenu() 就可以执行程序。整体代码如下：

```
kgc = {}

def newuser():    # 注册
    prompt1 = 'login desired:'
    while True:
        name = raw_input(prompt1)
```

```
        if(kgc.has_key(name)):
            prompt1 ='--name taken,try another:'
            continue
        else:
            break
    pwd = raw_input('password:')
    kgc[name] = pwd

def olduser():      # 登录
    name = raw_input('login:')
    pwd = raw_input('password:')
    password = kgc.get(name)
    if password  == pwd:
        print '--welcome back--',name
    else:
        print '--login incorrect--'

def showmenu():     # 菜单
    prompt = '''
        (N)ew User Login
        (E)ntering User Login
        (Q)uit
    Enter choice:'''
    while True:
        choice = raw_input(prompt).strip()[0].lower()
        print '\n--You picked : [%s]' % choice
        if choice not in 'neq':
            print '--invalid option,try again--'
        else:
            if choice=='n':
                newuser()
            elif choice=='e':
                olduser()
            else :
                print 'quit'
                break
if __name__ == '__main__':      # 程序入口
    showmenu()
```

代码的最后使用 if __name__ == '__main__': 作为一个判断，决定是否要执行函数 showmenu()，这和直接使用 showmenu() 有什么不同呢？当我们直接执行这段代码时，Python 的内置变量 __name__ 的值是 '__main__'；如果是其他函数引用到这段代码，__name__ 的值就会不同，也就是 showmenu() 不会被执行，后面的章节会再介绍它的用法。

2. 带参函数

（1）带参函数的语法格式如下：

```
def 函数名称（形式参数列表）：
    代码块
    return [ 表达式 ]
```

通过语法可以看出，带参函数与无参函数的区别是在函数名称后面的小括号中有形式参数列表，参数列表实际上只是占位符，用于体现参数的个数，每个参数都没有提供具体的数值。带参函数的调用语法如下：

[变量] = 函数名称 (参数列表)

调用时只需要为每个参数传递对应的实际数值，就可以完成函数的调用。下面代码示例是完成加法运算的函数：

```
def add(x,y):  # 带参函数定义
  return x + y

print add(1,2)   # 带参函数调用

// 结果
>>>
3
```

定义了函数 add()，它有 2 个形式参数 x 和 y，在函数的语句块中可以使用 x 和 y，与使用变量是类似的。通过函数名 add() 对实际的参数值 1 和 2 进行调用，返回值是 3。

（2）上面定义的形式参数是普通的参数，又称为位置参数，当调用函数时，传递的实际参数值是根据位置来跟函数定义里的参数表匹配的，示例代码如下：

```
def aa(x,y):
  print x,y

aa(10,6)
aa(6,10)

// 结果
>>>
10 6
6 10
```

在函数 aa(x,y) 中，输出 x 和 y 值，x 在前面，y 在后面。调用 aa(10,6) 时，x 的值是 10，y 的值是 6; 调用 aa(6,10) 时，x 的值是 6，y 的值是 10。所以最后的输出结果是不同的。

（3）当程序比较繁琐时，参数的顺序很难记住，可以使用关键字参数。关键字参数在调用函数时，明确指定参数值赋给哪个形参，语法格式如下：

函数名称 (形参 1= 实参 1, 形参 2= 实参 2,…)

示例代码如下：

```
def aa(x,y):
  print x,y

aa(x=10,y=6)
```

```
aa(y=6,x=10)

// 结果
>>>
10 6
10 6
```

调用函数 aa(x,y)，指定了参数的名称和对应值 (x=10,y=6) 和 (y=6,x=10)，与参数所在的位置无关，明确了实参和形参的对应关系，所以输出结果是相同的。

（4）调用普通参数函数时，传入的参数个数必须和声明的参数个数一致。但关键字参数有一个特殊的作用，可以在定义函数时设置关键字参数的默认值，此时传入函数的参数就可以和声明的参数个数不一致了，示例代码如下：

```
def aa(x,y=6):
   print x,y

aa(10)
aa(x=10)

aa(10,5)
aa(x=10,y=5)

// 结果
>>>
10 6
10 6
10 5
10 5
```

定义时参数 y 的默认值是 6，调用时可以不传递 y 的值，只传递 x 的值即可，直接传值或使用参数名并赋值都可以，aa(10) 和 aa(x=10) 的结果是相同的。当传递 y 的值是 5 时，此时 y 的默认值不起作用，所以 aa(10,5) 和 aa(x=10,y=5) 输出时，y 的值是 5。

定义关键字参数默认值时需要注意，位置参数必须出现在默认参数之前，如下面的函数定义是错误的。

```
def aa(x=1,y):
   print x,y
```

位置参数 y 出现在了默认参数 x=1 的后面，语法出现错误。

（5）下面演示一个综合案例，加深对带参函数的理解。需求是这样的，完成一个计算器的程序设计，用户输入两个数字和运算符，作加减乘除运算。为了使程序结构清晰，需要编写 2 个函数，一个是用来处理加减乘除运算，一个是用来处理字符串和数值的转换。首先编写用来处理运算的函数 operator(op1,op2,opFu)，示例代码如下：

```
def operator(op1,op2,opFu):
1    if opFu not in '+-*/':
```

```
           return -1
  2   if opFu == '+':
          result = op1+op2
      elif opFu == '-':
          result = op1-op2
      elif opFu == '*':
          result = op1*op2
      elif opFu == '/':
  3       if op2 == 0:
              print ' 错误，除数不能为 0 ！  /n'
              result = None
          else:
              result = op1 / op2
      return result
```

定义了函数 operator(op1,op2,opFu)，参数 op1 表示运算符前面的数值，op2 表示运算符后面的数值，opFu 表示运算符。在位置 1 处，判断 opFu 是不是 '+-*/' 中的其中一个，如果不是，返回值是 -1，表示程序出错。位置 2 处，判断如果是 '+'，进行加法运算，其他运算处理相同。要注意的是在位置 3 处，当进行除法运算时，如果除数是 0，在数学上是没有意义的，要把这种情况做特殊的处理，返回的结果是 None，表示程序错误。最后只要把运算的结果返回即可。

用户由键盘输入的是字符串类型，而程序是计算数值的运算，需要做字符串转换为数值的操作，所以把这块功能编写为函数 convert(op)，示例代码如下：

```
def convert(op):
  1   flag = True
  2   for ch in op:
          if ch not in '1234567890':
              flag = False
              break
  3   if flag == True:
          return int(op)
  4   else:
          return None
```

位置 1 处定义了一个布尔型变量 flag，用于判断数值的有效性。位置 2 处，op 是传进来的字符串，使用 for 循环判断它的每一个字符是不是在 "1234567890" 中，如果有一个不在，说明这个字符串不能转换为数值，flag 的值为 False，退出循环。否则 flag 的值不变，还是 True，说明字符串可以转换为数值。位置 3 作了相应的判断，把字符串 op 转换为了整型，使用的是 int() 函数。位置 4 表示如果不能转换为整型，返回的是 None。

准备好了上面的 2 个函数，就可以开始编写程序的主体代码了。按照数学运算的正常顺序编写程序，首先由键盘输入第 1 个数值，然后输入运算符，最后再输入第 2 个数值，计算输出结果。示例代码如下：

```
    if __name__ == '__main__':
1     str1 = ' 请输入第 1 个数：\n'
      strFu = ' 请输入一个算术运算符：\n'
      str2 = ' 请输入第 2 个数：\n'
2     while True:
          print ' 需要退出程序，请输入字母 q'
3         opp1 = raw_input(str1)
          ch = opp1.strip()[0].lower()
          if ch =='q':
              break
4         op1 = convert(opp1)                        // 数值 1
          if op1 ==None:
              print ' 输入错误，请输入整数 !/n'
              continue
5         while True:
              opFu= raw_input(strFu)                 // 运算符
              if opFu in '+-*/':
                  break
              else:
                  print ' 运算符输入错误 '
                  continue
6         while True:
              op2 = convert(raw_input(str2))         // 数值 2
              if op2 == None:
                  print " 输入错误，请输入整数 !\n"
                  continue
              else:
                  break
7         result = operator(op1,op2,opFu)
          if result <> None:
              print " 计算 %d %s %d = %d\n" %(op1,opFu,op2,result)
    print ' 程序退出了 '
```

位置 1 定义了键盘输入 3 个字符串的提示文字。位置 2 是主体代码的无限循环操作，可以进行多次计算操作，位置 3 是判断当键盘输入 'q' 时，程序才退出。位置 4 对输入的第一个字符串进行数值转换操作，convert() 返回是 None 时说明不能转换，使用 continue 进入到下一次循环重新输入。位置 5 是键盘输入运算符，如果是 '+-*/' 其中的一个，使用 break 结束位置 5 的循环；如果不是则执行 continue，重新执行位置 5 的循环，再次输入运算符。位置 6 是输入第 2 个数值，同样需要做转换操作，如果不能转换就需要重新输入。位置 7 就是调用运算函数 operator() 进行运算，result 不等于 None 时说明运算是正常的，显示出运行的结果。

程序的运行结果如下：

```
>>>
需要退出程序，请输入字母 q
```

```
请输入第 1 个数:
11
请输入一个算术运算符:
*
请输入第 2 个数:
2
计算 11 * 2 = 22

需要退出程序, 请输入字母 q
请输入第 1 个数:
q
程序退出了
```

输入第 1 个数 11, 运算符 *, 第 2 个数 2, 输出的结果是 22。输入 q 时, 程序退出。输入的数据如果错误, 程序会提示相应的错误, 读者可以自行进行尝试。

3.2 变量作用域

作用域是指变量在程序中的应用范围, 而变量声明的位置决定它的作用域, Python 按作用域区分为局部变量和全局变量。

全局变量是指在一个模块中最高级别的变量有全局作用域, 除非被删除, 否则存活到程序运行结束, 所有函数都能访问全局变量。

局部变量是指定义在函数内的变量有局部作用域, 依赖于定义变量的函数现阶段是否处于活动状态, 调用函数时, 局部变量产生, 暂时存在。一旦函数执行完, 局部变量将会被释放。

局部变量的作用域仅限于定义它的函数, 全局变量的作用域在整个模块内部都是可见的。在同一个函数中, 不允许有同名局部变量。在不同的函数中, 可以有同名局部变量。在同一个程序中, 全局变量和局部变量同名时, 局部变量具有更高的优先级。

下面演示局部变量和全局变量的使用情况:

```
def addAge(age):
    age += 1                              // 局部变量 age
    print 'addAge(): _age=%d age=%d' %(_age,age)     // 访问全局变量 _age 和局部变量 age
    return age


_age = input(' 输入年龄 : \n')            // 全局变量 _age
rt = addAge(_age)
print 'main(): _age =%d ' %_age
print 'main(): rt=%d' %rt

// 结果
>>>
输入年龄 :
```

```
11
addAge(): _age=11 age=12
main(): _age =11
main(): rt=12
```

在函数 addAge(age) 中定义了局部变量 age，在全局范围定义了全局变量 _age。_ age 的值是由键盘输入，它在全局都起作用，所以在 addAge(age) 函数中也可以对它进行引用。当键盘输入 11 时，_age 的值是 11，调用 rt=addAge(_age)，把全局变量 _age 的值 11 传给了函数，此时 addAge（age) 的局部变量 age 的值也是 11。执行 age+=1 后，age 值变为 12，而全局部变量 _age 的值不发生变化，打印输出 _age=11 age=12，函数的返回值 age 是 12，由 rt 接收，所以打印 _age=11 rt=12。

通过这个示例不难看出，Python 采用的是值传递的方式，但实际上并不是这样。Python 采用的是值传递和引用传递相结合的方式，当传递可变对象时（如字典或者列表），相当于传引用，而传递不可变对象（如数字、字符或元组）就是值传递。本示例传递的是字符串，所以是值传递的方式。

在 Python 中要尽量不使用全局变量，因为程序中可以自由地访问全局变量，其他人并不知道哪个变量是全局变量，非常容易出现引用错误，这种错误是很难发现和更正的。

局部变量只有在局部中才能使用，其他范围是访问不到的，如 age 是局部变量，在全局范围就引用不到，比如在程序最后加上代码：

```
// 省略内容
print 'main(): age=%d' %age

// 结果
>>>
Traceback (most recent call last):
  File "D:\pythonTest\7\7-5.py", line 10, in <module>
    print 'main(): age=%d' %age
NameError: name 'age' is not defined
```

错误显示 age 没有定义，说明在全局范围内，age 是访问不到的。这个问题可以使用 global 关键字解决，global 的作用是声明变量为全局变量，即使变量定义在函数内部，加上 global 后，也可以在全局范围访问，示例代码如下：

```
def addAge(num):
    global age
    age = num+1
    print 'addAge(): _age=%d age=%d' %(_age,age)
    return age

_age = input(' 输入年龄 : \n')
rt = addAge(_age)
print 'main(): _age =%d ' %_age
```

```
print 'main(): rt=%d' %rt
print 'main(): age=%d' %age

// 结果
>>>
输入年龄：
11
addAge(): _age=11 age=12
main(): _age =11
main(): rt=12
main(): age=12
```

程序作了一些调整，主要是使用了 global 定义 age，最后在全局引用 age 时，可以正常使用。

在函数中，使用 global 语句声明的全局变量名不能与其中的局部变量重名，而且要尽量避免在函数中使用 global 定义全局变量，减少程序的不可预知性。

3.3　lambda 函数

lambda 函数的作用是创建匿名函数，是一种声明函数的特殊方式。

lambda 函数的语法如下所示：

```
lambda params:expr
```

其中 params 相当于函数接收的参数列表，expr 是函数返回值的表达式。

下面我们编写一个普通函数和一个 lambda 函数，示例代码如下：

```
def sum1(x,y):              // 普通函数
    return x+y
sum2 = lambda x,y : x+y     //lambda 函数
print sum1(3,4)
print sum2(3,4)'
// 结果
>>>
7
7
```

实现的是相同的功能，但 lambda 函数更加简洁，只用一条语句即可实现，所以 lambda 也称为 lambda 表达式。使用 lambda 只能是表达式，不能包含 if、for 等条件循环语句，对于不需要复用的简单匿名函数，使用 lambda 能起到很好的效果。

3.4　内建函数

Python 除了本身的语法结构，还提供了常用的内建函数。内建函数是程序员经常使用到的方法，增加程序编写的效率，如 float() 就是内建函数。内建函数是自动加载的，

Python 的解释器可以识别。它不需要导入模块，不必做任何的操作，不需要引用就可以调用。下面开始介绍常用的内建函数。

（1）abs() 函数能够返回一个数字的绝对值，即正数。语法格式如下：

```
abs(x)
```

参数 x 可以是正数，也可以是负数，示例代码如下：

```
>>> abs(10)
10
>>> abs(-10)
10
>>> bb = -3
>>> abs(bb)
3
```

参数是 10 或 -10，返回的是绝对值，结果都是 10。

（2）bool() 函数的返回值是 True 或 False，它是 Boolean（布尔值）的简写，语法格式如下：

```
bool( [ x ] )
```

将参数 x 转换为 Boolean 类型，当参数是数字时，0 返回 False，其他任何值都返回 True。参数是字符串时，None 或空字符串返回 False，否则返回 True。参数是空的列表、元组或字典时，则返回 False，否则返回 True。示例代码如下：

```
>>> bool()                    // 无参数时返回 False
False
>>> bool(0)
False
>>> bool(-3)
True
>>> bool(None)
False
>>> bool('')
False
>>> bool('xyz')
True
>>> bool([11,22])
True
```

（3）float() 函数用于转换数据为 float 类型，语法格式如下：

```
float（[x]）
```

参数 x 可以是字符串或数字，示例代码如下：

```
>>> float('25')
25.0
```

```
>>> float(3)
3.0
>>> float(999.586103)
999.586103
>>> float('999.586103')
999.586103
```

字符串和数字都可以转换为 float 类型，如果不能转换，就会抛出异常。

（4）int() 函数可以将数据转换为整数，语法结构如下：

```
int([x[,base]])
```

第一个参数 x 是浮点数时，小数后面的数据将会丢失。第二个参数是进制，默认为十进制。如果参数是含有浮点数的字符串，将会产生语法错误。示例代码如下：

```
>>> int(199.99)                // 浮点数
199
>>> int('100')                 // 字符串
100
>>> int('99.9')                // 字符串

Traceback (most recent call last):
  File "<pyshell#24>", line 1, in <module>
    int('99.9')
ValueError: invalid literal for int() with base 10: '99.9'
```

需要注意当参数是字符串时，字符串只能是整数格式，如果是浮点格式将有异常产生。

（5）range() 函数可以生成一个列表，语法结构如下：

```
range([start],stop[,step])
```

第一个参数 start 表示起始值，是可选参数，默认值是 0。第二个参数 stop 表示终止值。第三个参数表示步长，是可选参数，可以是正数或负数，默认值是 1。从给定的第一个参数开始，到比第二个参数值小 1 的数字结束，常与 for 循环一起使用，循环执行指定数字的次数。示例代码如下：

```
>>> range(0,5)
[0, 1, 2, 3, 4]
>>> range(0,30,3)
[0, 3, 6, 9, 12, 15, 18, 21, 24, 27]
>>> range(30,0,-3)
[30, 27, 24, 21, 18, 15, 12, 9, 6, 3]

>>> for i in range(0,5):
    print(i)
```

```
0
1
2
3
4
```

（6）sum() 函数可以对列表中元素求和，语法结构如下：

```
sum(x[,start])
```

第一个参数 x 是迭代器，第二个参数是步长，是可选参数，默认值是 1。示例代码如下：

```
>>> num = range(0,500,50)
>>> num
[0, 50, 100, 150, 200, 250, 300, 350, 400, 450]
>>> print(sum(num))
2250
```

使用 range() 生成了一个列表，然后使用 sum() 对列表中的数值进行累加求和。

（7）max() 函数可以返回列表、元组或字符串中最大的元素，语法结构如下：

```
max(x)
```

如果元素是英文字母，那么字母是 "大于" 数字的，而小写字母 "大于" 大写字母，示例代码如下：

```
>>> num = [6,2,12,7,65]
>>> max(num)
65
>>> string = 'd,u,a,n,g,D,U,A,N,G'
>>> max(string)
'u'
>>> max(1000,650,98,2678,9)
2678
```

（8）min() 函数返回列表、元组、或字符串中最小的元素，语法结构如下：

```
min(x)
```

与 max() 的使用方式相反，它取的是最小值，示例代码如下：

```
>>> min([6,2,12,7,65])
2
```

（9）dir() 函数是 directory 的简写，可以返回关于任何值的相关信息，可以用于任何对象，包括字符串、数字、函数、模块、对象和类。当想要快速查找帮助信息时非常有用，语法格式如下：

```
dir( [ object ] )
```

object 是可选参数，无参数时返回当前范围内的变量、方法和定义的类型列表。带参数时返回参数的属性、方法列表。示例代码如下：

```
>>> dir()                          // 无参
['__builtins__', '__doc__', '__file__', '__name__', '__package__', 'bb', 'c', 'filename', 'i', 'num', 'string']
>>> dir(filename)                  // 带参
['__add__', '__class__', '__contains__', '__delattr__', '__doc__', '__eq__', '__format__', '__ge__',
 '__getattribute__', '__getitem__', '__getnewargs__', '__getslice__', '__gt__', '__hash__', '__init__',
 '__le__', '__len__', '__lt__', '__mod__', '__mul__', '__ne__', '__new__', '__reduce__',
 '__reduce_ex__', '__repr__', '__rmod__', '__rmul__', '__setattr__', '__sizeof__', '__str__',
 '__subclasshook__', '_formatter_field_name_split', '_formatter_parser', 'capitalize', 'center', 'count',
 'decode', 'encode', 'endswith', 'expandtabs', 'find', 'format', 'index', 'isalnum', 'isalpha', 'isdigit',
 'islower', 'isspace', 'istitle', 'isupper', 'join', 'ljust', 'lower', 'lstrip', 'partition', 'replace', 'rfind', 'rindex',
 'rjust', 'rpartition', 'rsplit', 'rstrip', 'split', 'splitlines', 'startswith', 'strip', 'swapcase', 'title', 'translate',
 'upper', 'zfill']
```

（10）eval() 函数是 evaluate 的简写，可以计算表达式的值。语法格式如下：

```
eval(expression [,globals [,locals]])
```

第一个参数 expression 只能是简单的表达式，一般情况下，对拆分成多行的表达式不能运算，常用于把用户输入转换成 Python 表达式。示例代码如下：

```
>>> eval('100*9')
900
>>> eval(raw_input(" 请输入表达式： "))
请输入表达式： 8+9*2-3
23
```

eval() 函数把字符串 '100*9' 解析为一个表达式，进行相应的计算，获得了结果。

（11）exec() 函数可以运行较复杂的程序，与 eval() 函数功能相近，二者的区别是 exec() 没有返回值，eval() 有一个返回值。语法格式如下：

```
exec( object [ , globals [,locals]])
```

参数 object 只能是简单的表达式，一般对拆分成多行的表达式不能运算，常用于将用户输入转换成 Python 表达式。示例代码如下：

```
>>> exec('''class MyClass:        // 定义类的多行字符串
    pass
myclass = MyClass()
print dir(myclass)''')
['__doc__', '__module__']

>>> program = '''print('WoW')       // 输出内容的多行字符串
print('duang')'''
>>> exec(program)
```

WoW

duang

定义类的多行字符串和输出内容的打印字符串，都可以由 exec() 函数执行，与直接执行 Python 语句的作用是相同的。

（12）len() 函数返回一个对象的长度，语法格式如下：

```
len（s）
参数 s 是一个序列或字符串。示例代码如下：
>>> len('duang')                              // 字符串
5
>>> language = ['python','java','c#','vb']     // 列表
>>> len(language)
4
>>> person={' 张三 ':'100'," 李四 ":'99'," 王五 ":'88'}   // 字典
>>> len(person)
3
```

对于字符串，len() 是返回字符串的字符个数，元组、列表和字典返回的是元素的个数。

本章总结

- 函数可以分为无参函数和带参函数。函数名是以字母、数字和下划线组成的，但是不能以数字开头。使用 return 退出函数，有表达式则传递返回值，没有则返回 None。
- 局部变量的作用域仅限于定义它的函数，全局变量的作用域在整个模块内部都是可见的。
- lambda 函数的作用是创建匿名函数，是一种声明函数的特殊方式。
- abs() 函数能够返回一个数字的绝对值，即正数。
- bool() 函数返回值是 True 或 False。
- float() 函数用于转换数据为 float 类型。
- int() 函数可以将数据转换为整数。
- range() 函数可以生成一个列表。
- max() 函数可以返回列表、元组或字符串中最大的元素。

本章作业

1. 在列表中保存 5 位员工的年龄，使用自定义函数计算最大的员工年龄。
2. 在字典中保存学生姓名和对应的数学与语文成绩，由用户输入学生姓名，使用

自定义函数显示出对应的成绩总和。

    3．由用户输入数字，使用函数计算由 1 到所输入数字的累加结果。

    4．计算列表中除了最大数和最小数的数值总和。

    5．用课工场 APP 扫一扫，完成在线测试，快来挑战吧！

第4章

面向对象编程

技能目标

- 理解面向对象的思想
- 理解类和对象
- 理解封装、继承、多态

本章导读

面向对象思想是提供一种程序的设计方式，软件设计的重点不再是程序的逻辑流程，而是程序中对象之间的关系。使用面向对象的思想能够更好地设计软件的架构、维护软件的组件，易于组件的重用。

知识服务

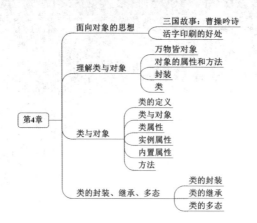

4.1 面向对象的思想

1. 三国故事：曹操吟诗

话说三国时期，曹操带领百万大军攻打东吴，大军在赤壁驻扎，军船连成一片，眼看就要灭掉东吴，统一天下。曹操大悦，于是大宴众文武，酒席间曹操诗性大发，不觉吟道："喝酒唱歌，人生真爽，……"众文武齐呼："丞相好诗！"于是速命印刷工匠刻版印刷，以便流传天下。

图 4.1 诗句

样张出来给曹操一看，曹操感觉不妥，说道："喝与唱，此话过俗，应改为'对酒当歌'较好！"于是就命工匠重新来过，工匠眼看连夜刻版之工，彻底白费，心中叫苦不喋。

样张出来再次请曹操过目，曹操细细一品，觉得还是不好，说："'人生真爽'太过直接，应改为'人生几何'较好！"工匠吐血晕倒！

2. 活字印刷的好处

可惜三国时期活字印刷还未发明，所以类似事情应该时有发生。如果是有了活字印刷以后，则只需更改四个字即可，其余工作都未白做，如图 4.2 所示。

图 4.2 活字印刷

第一，要改，只需更改要改之字，此为可维护。

第二，这些字并非这次用完就无用了，完全可以在后来的印刷中重复使用，此乃可复用。

第三，此诗若要加字，只需另刻字加入即可，这是可扩展。

第四，字的排列其实有可能是竖排也有可能是横排，此时只需将活字移动就可做到满足排列需求，此是灵活性好。

而在活字印刷术之前，上面的四种特性都无法满足，要修改，必须重刻；要加字，必须重刻；要重新排列，必须重刻。印完这本书后，此版已无任何可再利用价值。

3．面向对象的思想

其实客观地说，客户的要求也并不过分（改几个字而已），但面对已完成的程序代码，却是需要几乎从头再来，这实在是痛苦不堪。

说白了，原因就是因为我们原先所写的程序，不容易维护，灵活性差，不容易扩展，更谈不上复用，因此面对需求变化，只能加班加点，对程序动大手术了。

之后学习面向对象设计的编程思想，开始考虑通过封装、继承、多态把程序的耦合度降低（传统印刷术的问题就在于所有的字都刻在同一版面上造成耦合度太高所致），开始用设计模式使得程序更加得灵活，容易修改，并且易于复用，体会到面向对象带来的好处。

4.2　理解类与对象

1．万物皆对象

世界是由万物组成的，也就是世界上任何东西都是一个物品，比如名胜古迹、动物、植物、人都可以看成是物品，把物品进行分类是人们认识世界的一个很自然的过程。物品的分类是用来描述客观事物的一个实体，由一组特征和行为构成。比如把自我介绍作为一个分类，可以抽取出特征和行为，如表 4-1 所示。

表 4-1　特征和行为

特征	行为
姓名	读书
性别	讲课
年龄	开车
身高	做家务
体重	跑步
兴趣爱好	睡觉

这些特征和行为对人类来说都是具有的，人类都可以用这些特征和行为进行自我介绍。任何一类物品都可以使用这种方式进行描述，通过特征和行为就可以判断出是哪一类物品。

2．对象的属性和方法

在程序的世界中，也可以用分类的方式对程序进行描述，只需要把现实中的概念转换为程序中的概念。分类在程序中称为对象，特征称为属性，行为称为方法。

对象是程序中定义的物品的分类。属性表示对象具有的各种特征，每个对象的每个属性都拥有特定值。方法是指对象执行的行为。

在程序中表示战斗机的对象，需要定义它的属性和方法，如表 4-2 所示。

表 4-2　战斗机的属性和方法

属性	方法
中文名称：歼 -15	滑行
英文名称：J-15	起飞
中文绰号：飞鲨	飞行
研制单位：沈阳飞机工业集团公司	降落
首飞时间：2009 年 8 月 31 日	射击
类别：重型舰载战斗机	

3．封装

对象同时具有属性和方法两项特性，对象的属性和方法通常被封装在一起，共同体现事物的特性，二者相辅相承，不能分割。如图 4.3 所示一架歼 -15 有驾驶室、发动机、枪、炮、导弹悬挂装置、起落架、轱辘等组成。同时，还具备起飞、射击、降落等方法。

图 4.3　歼 -15

4．类

（1）抽取出图 4.4 到图 4.6 中对象的共同特征（属性和方法）。

图 4.4　波音 777　　　　　　　图 4.5　空客 A380

图 4.6　轰 6K

这几种飞机可以抽取出共同的特征，如表 4-3 所示。

表 4-3　飞机的共同特征

属性	方法
名称	滑行
类别	起飞
制造商	飞行
发动机	降落
机翼	
起落架	
油耗	
排放量	

波音 777、空客 A380、轰 6K 是具体的飞机对象，抽取的共同特征是飞机类的特征，这是由对象抽取为类的过程。

（2）具有相同或相似性质的对象的抽象就是类。类具有属性，是对象状态的抽象；类具有操作，是对象行为的抽象；类是模子，定义的对象将会拥有共同的特征（属性）和行为（方法）。

类是对象的类型，对象是类的实例。类是抽象的概念，仅仅是模板。比如：飞机。

对象是一个能够看得到、摸得着的具象实体。比如飞机是类，是泛指飞行器，不会落实到具体的某架飞机。而波音 777、空客 A380、轰 6K 就是对象，表示具象的实体。

4.3　类与对象

1. 类的定义

（1）自定义类是由 class 关键字修饰类名，由冒号表示开始类的内容，语法格式如下：

```
class 类名：
    '可选的文档字符串'
    类成员
```

文档字符串是一个可选项,用于表示这个类的描述文字,类成员是类的属性和方法。下面定义一个 Plane 类,示例代码如下:

```
class Plane:
    '''This is a class about Plane.

    Common bse class for all Planes'''
    def displayPlane(self):
        pass
```

使用 class 定义 Plane 类,然后用一个文档字符串描述这个类的作用。最后定义了一个类方法 displayPlane(self),参数 self 是一个隐含参数,类中的方法必须要使用 self 作为参数,后面会详细介绍。在方法中使用了 pass 语句,它实际上是一个空语句,不作任何操作,一般用作占位语句,用于保证格式完整和语义完整。

（2）为了使程序有良好的可读性,Python 类名有相应的命名规范:

1）类名首字母需要大写。

2）当类名由多个英文单词组成时,以大写字母分隔单词。

3）不使用下划线"_"分隔单词。

符合规范的类名如 Plane、AddrBookEntry、RepairShop。

类的属性的命名规范是:

1）使用名词说明操作的对象。

2）首字母小写。

3）以大写字母分隔单词。

符合规范的属性名如 name、phone、email。

类的方法名的命名规范是:

1）使用谓词（动词 + 对象）,说明对什么对象进行什么操作。

2）首字母小写。

3）以大写字母分隔单词。

符合规范的方法名如:updatePhone、addEmail。

养成良好的命名习惯是非常重要的,可以很好地提高程序的可读性。

（3）文档字符串（docstrings）的作用是提供程序的帮助信息,可以不写。通常是 1 个多行字符串,首行以大写字母开始,以句号结尾,第 2 行是空行,第 3 行是详细的描述。可以通过"类名.__doc__"来访问,示例代码如下:

```
print Plane.__doc__

// 结果
>>>
This is a class about Plane.

    Common bse class for all Planes
```

使用 Plane.__doc__ 能够获得 Plane 类的文档字符串。

2. 类与对象

（1）类与函数不同，并不是直接使用的，而是需要创建类实例对象后才能访问类属性和方法，创建类对象的语法格式如下：

```
对象 = 类名 ( 参数列表 )
```

参数列表是可选的，用于初始化类对象。

使用点运算符 "." 可以访问类对象的属性和调用类对象的方法，示例代码如下：

```
class Plane:
    "'This is a class about Plane.

    Common bse class for all Planes'"
    def displayPlane(self):
        print 'method displayPlane()'

p1 = Plane()
p1.displayPlane()

// 结果
>>>
method displayPlane()
```

这段代码定义了类 Plane 的实例对象 p1，然后调用 p1 的 displayPlane() 方法，显示打印的内容，说明类对象和方法调用是正确的。

（2）Python 的类对象有一个很重要的概念，就是它的生命周期。对象从创建到最后销毁，都可以进行控制，生命周期有如下几个过程：

1）首先需要定义类。

2）使用类创建对象，需要调用类的构造方法，构造方法的名称是 __init__()。创建新对象时系统会自动调用构造方法，传入新创建的对象，可以为对象的属性赋初始值。

3）访问对象成员，包括属性和方法。

4）销毁对象时调用析构方法，方法名是 __del__()，传入要销毁的对象，回收对象所占用的资源。

当需要初始化属性值时，构造方法是必须使用的，而析构方法在 Python 中是可以不使用的，由系统自动调用即可。

（3）在定义方法时的 "self" 这个参数，表示的是类实例对象本身，也就是当前类的实例对象。在其他语言如 java 中，实例对象的属性是显示的定义在类的内部，在方法中直接就可以访问，但是 Python 是通过 "self" 这个参数进行访问。"self" 作为类方法定义的第 1 个参数是隐含参数，调用方法时不需要传入实参。当需要访问类实例对象的属性时，可以使用 "self. 属性" 访问。调用类实例对象方法时，使用 "self. 方法（参数列表）" 访问。下面演示 "self" 的用法，示例代码如下：

```
class Plane:
    def __init__(self,color):
        self.color = color

    def displayPlane(self):
        print 'Plane color=',self.color

p1 = Plane("Blue")
p1.displayPlane()

//结果
>>>
Plane color= Blue
```

定义构造方法时使用 __init__(self,color)，然后使用 self.color = color 为实例对象的属性 self.color 赋初始值，在方法 displayPlane(self) 中调用 self.color，访问到实例对象的属性 self.color。

下面演示一个更复杂的示例，代码如下：

```
class Plane:
    pCount = 0
    def __init__(self,name,category):
        self.name = name
        self.category = category
        Plane.pCount += 1
    def displayPlane(self):
        print "name:",self.name,",category:",self.category

p1 =Plane(" 平安 ",' 波音 777')
p1.displayPlane()
p2 =Plane(" 安康 ",' 空客 A380')
p2.displayPlane()
print "Total Planes: %d" % Plane.pCount

//结果
>>>
name: 平安 ,category: 波音 777
name: 安康 ,category: 空客 A380
Total Planes: 2
```

在 Plane 中定义了一个属性 pCount 用于记录有多少个实例对象，在构造方法中对 pCount 进行加 1 操作。初始化了 2 个类实例对象 p1 和 p2，初始化的参数不同，最后调用方法输出的内容也是不同的。

（4）Python 允许在任何时候添加、修改或删除类和对象的属性，使用赋值运算符可以为类对象添加、修改属性值，使用 del 语句可以删除类对象的属性，语法格式如下：

del 类名 . 属性名

下面演示它们的使用方法，示例代码如下：

```
class Plane:
    pCount = 0
    def __init__(self,name,category):
        self.name = name
        self.category = category
        Plane.pCount += 1
    def displayPlane(self):
        print "name:",self.name,",category:",self.category


p1.carryNum = 350                   // 添加新属性
print 'Carry Passenger:',p1.carryNum
p1.category = " 空客 A380"            // 修改属性
p1.carryNum = 850
p1.displayPlane()
del p1.carryNum                      // 删除属性
print 'Carry Passenger:',p1.carryNum
// 结果
>>>
Carry Passenger: 350
name: 平安 ,category: 空客 A380
Carry Passenger:

Traceback (most recent call last):
  File "D:/pythonTest/8/8-2.py", line 18, in <module>
    print 'Carry Passenger:',p1.carryNum
AttributeError: Plane instance has no attribute 'carryNum'
```

在类中没有定义 carryNum 这个属性，但可以直接进行 p1.carryNum 操作，加入了 carryNum 这个新属性。语句 p1.category = " 空客 A380" 是对已存在的属性值进行了修改。 del p1.carryNum 是删除属性，最后访问时出现属性不存在的错误。

（5）Python 有垃圾收集的机制，定期回收不再使用的内存块。可以分为自动回收和手工回收。自动回收是对于不需要使用的对象，系统会自动释放内存空间，垃圾回收器在程序执行的过程中会自动回收引用数为零的对象所使用的内存资源。手工回收是调用析构方法 __del__() 清理销毁对象的任何非内存资源。

在类中不定义析构方法时，系统会自动加上默认的析构方法。当没有任何变量引用到实例对象时，系统会自动调用析构方法对实例对象进行回收，但并不是立即执行，而是系统在不确定的时间执行，对程序员来说是可以不用考虑何时回收的。当然也可以手动进行垃圾回收，使用 del 语句可以调用析构方法，示例代码如下：

```
class Plane:
    pCount = 0
    def __init__(self,name,category):
```

```
        self.name = name
        self.category = category
        Plane.pCount += 1
    def displayPlane(self):
        print "name:",self.name,",category:",self.category
    def __del__(self):          // 析构方法
        print "__del__()"
p1 =Plane(" 平安 ",' 波音 777')
p1.displayPlane()
del p1                          // 调用析构方法，销毁对象
p1.displayPlane()

// 结果
>>>
name: 平安 ,category: 波音 777
__del__()

Traceback (most recent call last):
  File "D:/pythonTest/8/8-2.py", line 14, in <module>
    p1.displayPlane()
NameError: name 'p1' is not defined
```

使用 del p1 可以调用到析构方法，销毁对象后再调用对象方法，系统报 p1 未定义的错误，说明对象已经被销毁了。如果有其他变量也引用到 p1 的对象，析构方法是不会立即执行的，示例代码如下：

```
class Plane:
    pCount = 0
    def __init__(self,name,category):
        self.name = name
        self.category = category
        Plane.pCount += 1
    def displayPlane(self):
        print "name:",self.name,",category:",self.category
    def __del__(self):          // 析构方法
        print "__del__()"
p1 =Plane(" 平安 ",' 波音 777')
p2 = p1
p3 = p1
print "p1:",id(p1),",p2:",id(p2),",p3:",id(p3)    //p1  p2  p3 的内存地址
del p1                          // 调用 p1 析构方法
p2.displayPlane()
p3.displayPlane()
print 'del p2'
del p2                          // 调用 p2 析构方法
print 'del p3'
```

```
del p3                      // 调用 p3 析构方法

// 结果
>>>
p1: 46525128 ,p2: 46525128 p3: 46525128
name: 平安 ,category: 波音 777
name: 平安 ,category: 波音 777
del p2
del p3
__del__()
```

通过输出 p1、p2、p3 的地址可以确定它们是引用的同一个内存地址，说明是同一个实例对象。当调用 del p1 后，并没有调用析构方法，这是因为 p2 和 p3 还在引用，所以此时内存并没有被回收；同样调用 del p2 后，析构方法同样没有被执行；只有当最后一个 del p3 被调用后，实例对象的引用数才是零，此时系统才会调用析构方法进行对象的销毁。

3. 类属性

前面讲到类由属性和方法组成，但属性还可以分为类属性和实例属性。类属性是与类绑定的，不依赖于对象，又称为静态属性。它不需要实例化对象，类和对象都可以访问获取其值。前面示例中的用于统计实例个数的变量 pCount 就是一个类属性。实例属性存在于对象中，必须先创建对象，再访问获取其值，且每一个不同的对象都有属于自己的实例属性值。前面示例中的 name 和 category 是实例属性。当通过对象访问某个属性时，解释器会先尝试在实例命名空间中寻找。如果找不到，就会去类属性中查找。所以类属性只有在对象属性不存在同名的情况下，才使用对象的方式进行访问。

（1）下面演示类属性的用法，示例代码如下：

```
class Plane:
    pCount = 0
    def __init__(self):
        Plane.pCount += 1                    // 初始化新实例时，类属性加 1

print ' 已生产 ',Plane.pCount,' 架飞机 '       // 通过类访问类属性
p1 = Plane()
print ' 已生产 ',Plane.pCount,' 架飞机 '
print ' 已生产 ',p1.pCount,' 架飞机 '          // 通过对象访问类属性

// 结果
>>>
已生产 0 架飞机
已生产 1 架飞机
已生产 1 架飞机
```

定义 pCount 是类 Plane 的类属性，在任何地方想要访问，都可以使用 Plane.pCount

进行访问。p1 是类 Plane 的实例对象,也可以使用 p1.pCount 进行访问。

(2)通过前面示例可以看到使用类和对象都可以访问类属性,但要注意使用对象时只能读取而不能修改类属性的值。当试图通过对象给类属性赋值时,解释器会理解为给对象 p1 的 pCount 属性赋值。如果对象 p1 没有 pCount 属性,会自动给对象 p1 创建一个与类属性同名的实例属性。因此,p1.pCount 属性与 Plane.pCount 不是同一个属性。

下面演示它们的不同,示例代码如下:

```python
class Plane:
    pCount = 0
    def __init__(self):
        Plane.pCount += 1


p1 = Plane()
print ' 修改 Plane.pCount=5'
Plane.pCount = 5                    // 使用类修改类属性
print ' 已生产 ',Plane.pCount,' 架飞机 '
print '    已生产 ',p1.pCount,' 架飞机 '

print ' 修改 p1.pCount=10'
p1.pCount = 10                     // 使用对象添加实例对象属性
print ' 已生产 ',Plane.pCount,' 架飞机 '
print '    已生产 ',p1.pCount,' 架飞机 '
//结果
>>>
>>>
修改 Plane.pCount=5
已生产 5 架飞机
    已生产 5 架飞机
修改 p1.pCount=10
已生产 5 架飞机
    已生产 10 架飞机
```

执行 Plane.pCount = 5 是对类属性进行修改,输出的结果是相同的。但执行 p1.pCount = 10 是赋值操作,实例对象 p1 会创建新的实例属性 pCount,而类属性 pCount 不发生变化。所以输出的结果是不同的。

4. 实例属性

实例属性可以在构造方法中声明并初始化,还可以通过赋值语句声明并赋值。示例代码如下:

```python
class Plane:
    pCount = 0
    def __init__(self,name,category):
        self.name = name            // 在构造方法中声明实例属性
        self.category = category
        Plane.pCount += 1
```

```
p1 = Plane(' 平安 ',' 波音 777')
p1.pCarry = 360                    // 在赋值语句中声明实例属性
print ' 已生产 ',p1.pCount,' 架飞机 , 载客量是 ',p1.pCarry

// 结果
>>>
已生产 1 架飞机 , 载客量是 360
```

这段代码使用了 2 种方式声明实例属性，在构造方法中声明更加直观，有利于后期的维护。

使用实例属性时要注意不能通过类访问实例属性，实例属性只能通过实例对象访问。

5. 内置属性

（1）类中已经内置了一些属性和方法，任何类都可以自己访问到。使用内置函数 dir() 可以返回类属性列表。使用类的字典属性__dict__ 可以返回一个字典，键是属性名，值是相应的属性对象的数据值，示例代码如下：

```
class Plane:
    '''This is Plane'''
    pCount = 0
    def __init__(self,name,category):
        self.name = name
        self.category = category
        Plane.pCount += 1

print dir(Plane)
print Plane.__dict__
// 结果
>>>
['__doc__', '__init__', '__module__', 'pCount']
{'__module__': '__main__', 'pCount': 0, '__doc__': 'This is Plane',
'__init__': <function __init__ at 0x0000000002E61CF8>}
```

语句 dir(Plane) 输出了类的属性，Plane.__dict__ 输出了属性的字典数据。

还有几种和 __dict__ 类似的特殊类属性，如表 4-4 所示：

表 4-4　内置类属性

类属性	说明
__dict__	类的命名空间
__doc__	类的文档字符串，如果没有定义，为 None
__name__	类名称
__module__	在类中定义的模块名称，交互模式其值为 __main__
__bases__	一个可能是空的元组，包含了其在基类列表出现的顺序

（2）使用内置函数也可以获得实例的属性信息，如使用函数 dir() 可以得到实例属性列表，__dict__ 可以得到对象属性的字典，__class__ 可以获得对象所对应的类名，示例代码如下：

```
class Plane:
    '''This is Plane'''
    pCount = 0
    def __init__(self,name,category):
        self.name = name
        self.category = category
        Plane.pCount += 1

p1 = Plane('pingan','boyin777')
print dir(p1)
print p1.__dict__
print p1.__class__

// 结果
>>>
['__doc__', '__init__', '__module__', 'category', 'name', 'pCount']
{'category': 'boyin777', 'name': 'pingan'}
__main__.Plane
```

（3）有一些函数可以对实例属性进行操作，如表 4-5 所示：

表 4-5　实例属性操作方法

函数声明	说明
getattr(obj,name[,default])	访问对象的属性
hasattr(obj,name)	检查指定的属性是否存在
setattr(obj,name,value)	设置属性，如果属性不存在，将被创建
delattr(obj,name)	删除指定的属性

示例代码如下：

```
class Plane:
    '''This is Plane'''
    pCount = 0
    def __init__(self,name,category):
        self.name = name
        self.category = category
        Plane.pCount += 1

p1 = Plane('pingan','boyin777')
print getattr(p1,'name')              // 获得属性值
print hasattr(p1,'category')          // 判断属性是否存在
setattr(p1,'name','ankang')           // 设置属性值
print getattr(p1,'name')
delattr(p1,'name')                    // 删除属性
```

```
print getattr(p1,'name')
// 结果
>>>
pingan
True
ankang

Traceback (most recent call last):
  File "D:\pythonTest\8\8-2.py", line 16, in <module>
    print getattr(p1,'name')
AttributeError: Plane instance has no attribute 'name'
```

6. 方法

类中定义的方法有三种，实例方法、类方法和静态方法。

（1）实例方法就是前面用的方法，与类绑定且依赖于对象。在类中声明定义，必须先创建对象，再调用执行，类对象可以调用执行。

（2）类方法是与类绑定，不依赖于对象，不需要实例化对象，类和其对象都可以调用执行。定义类方法的语法是使用装饰器 @classmethod，类方法名的参数中第一个需要使用隐含参数 cls，语法如下所示：

```
@classmethod
类方法名 (cls，参数列表 )
```

其中 @classmethod 的作用是通知 Python 解释器这是一个类方法，且必须放在单独一行，cls 表示当前类，调用方法时不需要传入参数，示例代码如下：

```
class Plane:
    pCount = 0
    def __init__(self,name,category):
        self.name = name
        self.category = category
        Plane.pCount += 1
    @classmethod                    // 定义类方法
    def displayCount(cls):
        print ' 已生产 ',Plane.pCount,' 架飞机 '
        print Plane.pCount
Plane.displayCount()                // 类调用类方法
p1 = Plane(' 平安 ',' 波音 777')
p1.displayCount()                   // 对象调用类方法
// 结果
>>>
已生产 0 架飞机
0
已生产 1 架飞机
1
```

这段代码分别使用类和对象调用了类方法，需要注意的是在类方法中只能使用类属性，而不能使用实例属性。

（3）静态方法与类方法相似，不同之处为采用了 @staticmethod 装饰，且没有隐含的 cls 参数，示例代码如下：

```
class Plane:
    pCount = 0
    def __init__(self,name,category):
        self.name = name
        self.category = category
        Plane.pCount += 1
    @staticmethod                    // 定义静态方法
    def displayCount():
        print ' 已生产 ',Plane.pCount,' 架飞机 '
        print Plane.pCount
Plane.displayCount()                 // 类调用类方法
p1 = Plane(' 平安 ',' 波音 777')
p1.displayCount()                    // 对象调用类方法
// 结果
>>>
已生产 0 架飞机
0
已生产 1 架飞机
1
```

通过这段代码可以看出，调用静态方法与类方法没有区别。实际上在其他语言如 Java 中，是没有类方法和静态方法这两种概念的，一般只有静态方法。Python 中的类方法和静态方法的区别主要是，在某些应用场合需要 cls 参数时只能使用类方法，不需要时类方法和静态方法是可以通用的。

4.4　类的封装、继承、多态

目前的编程思想主要有面向过程和面向对象两种方式。面向过程是把程序分为各个步骤，一步一步地执行程序，由函数完成各自的功能。而面向对象（Object Oriented Programming，简称 OOP）是在程序中包含各个独立而又互相调用的对象，每个对象都能接收数据和处理数据，并将数据传达给其他对象。Python 既有函数也有类，既可以编写面向过程的程序，也可以编写面向对象的程序。面向对象有三大特性，封装、继承和多态，熟练掌握才能写出结构良好的代码。

4.4.1　类的封装

1．封装性

封装是将某些东西包装和隐藏起来，让外界无法直接使用，只能通过某些特定的方式才能访问。被封装的特性只能通过特定的行为去访问，以保证对象的数据独立性、隐藏性和安全性，并且利于后期的维护。下面演示一段代码，看看在不使用封装时可能产生的问题。

```
class Plane:
    pCount = 0
    def __init__(self,name,category,carry):
        self.name = name
        self.category = category
        self.carry = carry
        Plane.pCount += 1

p1 = Plane('平安','波音 777',380)
print '已生产 ',Plane.pCount,' 架飞机'
print '飞机名称： %s 型号：%s 载客量： %d' %(p1.name,p1.category,p1.carry)
p1.name = '魔鬼'
p1.category = '直升飞机'
p1.carry = -40                    //修改载客量
print '飞机名称： %s 型号：%s 载客量： %d' %(p1.name,p1.category,p1.carry)

// 结果
>>>
已生产 1 架飞机
飞机名称： 平安 型号：波音 777 载客量： 380
飞机名称： 魔鬼 型号：直升飞机 载客量： -40
```

使用对象直接修改属性载客量为 -40，很明显在实际生活中是不可能成立的，而使用封装可以避免类似的错误。

2. 封装的使用

Python 解释器对下划线有特殊的解释，名称前以单下划线 "_" 为前缀的属性和方法被解释为非公开的，名称前以双下划线 "__" 作为对象属性名称前缀的属性被隐藏起来，外界将无法直接查看和修改该属性，需要通过方法对属性进行修改，示例代码如下：

```
class Plane:
    pCount = 0
    def __init__(self,__name,__category,__carry):
        self.__name = __name                //隐藏属性
        self.__category = __category
        self.__carry = __carry
        Plane.pCount += 1
    def setCarry(self,__carry):              // 通过方法修改隐藏属性
        if __carry > 0:
            self.__carry = __carry
        else :
```

```
        print ' 载客量的数值不对 ',__carry
    def getCarry(self):                    // 通过方法获得隐藏属性
        return self.__carry


p1 = Plane(' 平安 ',' 波音 777',380)
p1.setCarry(-40)
carryNum = p1.getCarry()
print ' 飞机载客量是：',carryNum
p1.setCarry(240)
carryNum = p1.getCarry()
print ' 飞机载客量是：',carryNum

// 结果
>>>
载客量的数值不对 -40
飞机载客量是： 380
飞机载客量是： 240
```

属性前都使用了双下划线为前缀，此时属性不能通过实例对象直接访问，需要使用方法进行取值和修改操作。在设置属性的 setCarry() 方法中，对传入的值进行有效性的判断，保证了数据的有效，避免了上一节可能发生的错误情况。

如果类对象的属性和方法需要与外界共享,应避免使用下划线作为其名称的前缀。

4.4.2 类的继承

1. 继承性

（1）继承性是面向对象中非常重要的特性，它是使用已经存在的类定义创建新的类，然后可以在新类的定义中增加新的属性和方法。如果 B 类继承 A 类，那么 B 类对象便具有了 A 类的一切属性和方法，我们称 A 类为基类、父类或者超类，称 B 类为 A 类的派生类或子类。

继承关系存在于类与类之间，分为直接继承和间接继承。如 A 继承 B，则 B 是 A 的直接父类，A 直接继承 B；如果 A 继承 B，而 B 继承 C，则 C 是 A 的间接父类，A 间接继承 C。比如飞机类是父类，民用飞机和军用飞机都继承飞机类，而轰炸机和歼击机都继承军用飞机，则飞机类是民用飞机和军用飞机的直接父类，也是轰炸机和歼击机类的间接父类。也就是越是上一级的父类，定义的内容范围越大。继承关系的优点是能够清晰地体现相关类之间的层次结构，减小数据和代码的冗余度，增加程序的可重用性。通过增加一致性，减少模块间的接口，增加程序的可维护性。

（2）继承又可以分为单继承和多继承，当一个类只有一个直接父类时称为单继承，当一个类有多个直接父类时，称为多继承。多继承实现原理复杂且应用很少，在此不做讲述。

实现单继承的语法如下：

```
class 子类（父类）：
    ' 类文档字符串 '
    def __init__(self，参数列表 1)：
        父类 . __init__(self，参数列表 2)：
        ……
    子类新增的类成员
```

参数列表 1 中包含父类和子类的属性，参数列表 2 中只包含父类的属性。编写代码时要首先定义好父类，然后再定义子类继承父类。首先定义飞机类，示例代码如下：

```
class Plane:
    pCount = 0
    def __init__(self,_name,_category):
        self._name = _name
        self._category = _category
        Plane.pCount += 1
    def showPlaneInfo(self):
        print ' 飞机名称：%s 类型：%s ' %(self._name,self._category)
```

注意这里的属性使用的是单下划线为前缀，表示属性非公开，但是可以被子类继承访问。如果是双下划线前缀，表示私有，则子类是不能继承访问的。

下面定义子类军用飞机 AvionPlane，示例代码如下：

```
class AvionPlane(Plane):                                // 指定父类
    def __init__(self,_name,_category,__gun):           // 子类构造方法，
        Plane.__init__(self,_name,_category)            // 调用父类构造方法
        self.__gun = __gun                              // 子类的特有属性，使用双下划线前缀
    def setGun(self,__gun):                             // 子类的特有方法
        if __gun >0:
            self.__gun = __gun
        else:
            print ' 携带的枪炮数值不对 ',__gun
    def getGun(self):
        return self.__gun
    def showAvionInfo(self):
        print " 携带的枪炮数量, %d"%self.__gun
```

子类 AvionPlane 继承了 Plane，构造方法多了一个参数 __gun 表示枪炮的数量，使用的是双下划线前缀，表示的是子类的特有的属性，与父类是无关的。调用父类的构造方法时需要传递 self 和其他需要的参数。所以子类的构造方法的作用是既要初始化父类的参数，又要初始化自己的参数。然后在子类中又定义了几个特有的方法，用于对特有属性 __gun 进行操作。

还可以编写一个民用飞机 CivilPlane 的类，也是继承自 Plane，示例代码如下：

```
class CivilPlane(Plane):
    def __init__(self,_name,_category,__carry):         // 子类构造方法，
        Plane.__init__(self,_name,_category)            // 调用父类构造方法
```

```
    self.__carry = __carry                    // 子类的特有属性，使用双下划线前缀
  def setCarry(self,__carry):                 // 子类的特有方法
    if __carry >0:
      self.__carry = __carry
    else:
      print ' 载客数不对 ',__carry
  def getCarry(self):
    return self.__carry
  def showCivilInfo(self):
    print " 载客量是，%d"%self.__carry
```

子类 CivilPlane 与 AvionPlane 的实现方式相似，除了父类的属性和方法，还需要实现自己的属性和方法。

2．继承的使用

在程序中通常是对子类实例化使用，示例代码如下：

```
p1 = AvionPlane(' 凯旋 ',' 歼 10',6)
p1.showPlaneInfo()                 // 父类方法
p1.showAvionInfo()                 // 子类方法
p2 = CivilPlane(' 平安 ',' 波音 777',240)
p2.showPlaneInfo()                 // 父类方法
p2.showCivilInfo()                 // 子类方法

// 结果
>>>
飞机名称：凯旋 类型：歼 10
携带的枪炮数量，6
飞机名称：平安 类型：波音 777
载客量是，240
```

实例化 AvionPlane 和 CivilPlane，使用它们的构造方法即可，相应的对象可以调用父类的方法 showPlaneInfo()，也可以调用自己特有的方法。

4.4.3 类的多态

面向对象的多态性体现在当调用的方法在子类和父类中同名时，会产生不同的结果，如前例父类中已经有了方法 showPlaneInfo()，当子类中有同名方法时，调用的是子类的方法。示例代码如下：

```
class AvionPlane(Plane):
  def __init__(self,_name,_category,__gun):
    Plane.__init__(self,_name,_category)
    self.__gun = __gun
  def showPlaneInfo(self):                    // 重写父类方法
    print ' 携带的枪炮数量，%d ' %(self.__gun)
```

```
class CivilPlane(Plane):
    def __init__(self, _name, category, __carry):
        Plane.__init__(self, _name, category)
        self.__carry = __carry
    def showPlaneInfo(self):                    // 重写父类方法
        print '载客量是，%d' %(self.__carry)

p1 = AvionPlane(' 凯旋 ',' 歼 10',6)
p1.showPlaneInfo()// 结果
>>>
携带的枪炮数量，6
载客量是，240
```

子类方法重写了父类方法 showPlaneInfo()，通过输出结果可以看出调用的是子类重写后的方法。虽然是同一个方法名，但是展现出的是不同的结果，这就是多态性。通常重写方法是当子类需要这个方法具有特定或不同的功能时。

本章总结

- 类是对象的类型，对象是类的实例。类是抽象的概念，仅仅是模板。
- 类中定义的方法有三种，分别是实例方法、类方法和静态方法。
- 面向对象有三大特性，分别是封装、继承和多态。

本章作业

1．编写学生类，具有属性姓名和成绩，初始化参数的构造方法和输出姓名、成绩的方法。由用户输入 5 名学生的信息并打印输出。

2．编写企业类和员工类，员工类具有属性姓名和年龄，企业类具有属性员工列表、添加新员工的方法和按年龄区间输出员工工资的方法。创建5个员工，输出他们的工资。

3．定义动物类 Animal，具有方法 eat()。狗类 Dog 和猫类 Cat 继承 Animal，Dog 具有方法 cry()，Cat 具有方法 cry() 和 catching()，并对 eat() 方法进行改写。创建实例对象执行相应方法。

4．用课工场 APP 扫一扫，完成在线测试，快来挑战吧！

随手笔记

第5章

模块与文件操作

技能目标

- 掌握模块和包的使用方式
- 掌握常用模块
- 掌握文件和目录操作

本章导读

本章介绍 Python 的模块与包的使用方式、文件与目录操作等高级技术。

知识服务

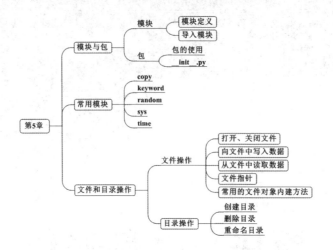

5.1　模块与包

如果编写的程序中类和函数较多时，就需要对它们进行有效地组织分类，在 Python 中模块和包都是组织的方式。复杂度较低可以使用模块管理，复杂度高则还要使用包进行管理。

5.1.1　模块

模块是 Python 中一个重要的概念，实际上就是包含 Python 函数或类的程序。模块就是一个包含 Python 定义和语句的文件，把一组相关的函数或代码组织到一个文件中，一个文件即是一个模块。模块的文件名 = 模块名 + 后缀 .py。模块之间代码共享，可以相互调用，实现代码重用，并且模块中函数名称必须唯一。

1. 模块定义

用下面代码演示模块的定义，保存的文件名是 myModule.py：

```
#fileName : myModule.py
def add(a,b):
    print a+b
def mul(a,b):
    print a*bmain(): age=12
```

在模块 myModule 中，定义了两个函数，一个加法函数和一个乘法函数，它们处理的问题是同类的，可以作为一个模块定义。

2. 模块导入

（1）使用模块中的函数时，要先导入模块才能使用，导入有两种方式，可以在一行导入一个模块，语法如下：

```
Import 模块名
```

还可以在一行导入多个模块，语法如下：

```
Import 模块名 1[，模块名 2][，模块名 3]…
```

模块和变量一样也有作用域的区别，如果在模块的顶层导入，则作用域是全局的；如果在函数中导入，则作用域是局部的。一个模块只能被加载一次，无论它被导入多少次，这样可以阻止多重导入时，代码被多次执行。在实际编码时，推荐直接在顶层导入。

导入的模块也分几种，有 Python 的标准库模块、第三方模块和应用程序自定义的模块。如果是第一次导入，模块将被加载并执行，加载执行时在搜索路径中找到指定的模块，之后再调用时就不需要再次加载了。

下面示例代码演示导入标准库模块：

```
import sys
print sys.platform

// 结果
>>>
win32
```

Python 的标准库模块 sys 包含了 Python 环境相关的函数，sys.platform 返回当前平台的系统名称。

下面演示对前面定义的模块 myModule 进行调用，示例代码如下：

```
import myModule
myModule.add(2,3)
myModule.mul(2,3)
print myModule.__name__

// 结果
>>>
5
6
myModule
```

模块名就是定义的文件名，在引用里面的函数时，就是使用"模块名.函数名"引用。每个模块都有 __name__ 属性，表示模块的名称。

（2）如果不使用模块名，而直接用函数名进行调用，就需要在导入时指定需要使用的模块的属性。一行导入一个模块属性的语法如下：

```
from 模块名 import 属性名
```

一行导入模块的多个属性语法如下：

```
from 模块名 import ( 属性名 1)[，属性名 2] [，属性名 3]…
```

用下面示例代码演示导入模块属性：

```
from myModule import add,mul
add(2,3)
```

```
mul(2,3)
// 结果
>>>
>>>
5
6
```

导入了模块 myModule 的 add、mul 函数，就可以不使用模块名，直接使用函数名进行调用。

还可以使用 as 关键字为模块或模块属性重新命名，语法如下：

```
import 模块名 as 模块新名称
from 模块名 import 属性名 as 属性新名称
```

示例代码如下：

```
from myModule import add as add1,mul as mul1
add1(2,3)
mul1(2,3)
```

函数 add 重命名为 add1，mul 重命名为 mul1，可以用新的名称调用函数。

5.1.2 包

当程序中的模块非常多时，可以把模块再进行划分，组织成包。包实际上就是一个目录，但必须包含一个 __init__.py 文件。__init__.py 可以是一个空文件，表示当前目录是一个包。包可以嵌套使用，包中还可以包含其他子包。

1. 包的使用

导入包中的模块只需要在模块名前加上包的名称即可，如按以下方式组织的目录：

```
project/              // 目录
  project.py
  subproject/         // 子目录
    __init__.py
    submodel.py
```

在 project.py 中调用包 subproject 中的 submodel.py 模块，加入包名即可，示例代码如下：

```
//submodel.py
#fileName : submodel.py
def add(a,b):
    return a+bmul1(2,3)

//project.py
import subproject.submodel
print subproject.submodel.add(1,3)
```

2.　__init__.py

前面使用的是空 __init__.py 文件，也可以在里面添加代码，它的作用实际上是初始化包中的公共变量。在第一次使用 import 导入 subproject 包中的任何部分后，包中的 __init__.py 文件中的代码就会执行。在 subproject 目录中的 __init__.py 文件中，加入如下代码：

```
name = '__init__.py'
print 'subproject->',name

// 结果
>>>
subproject-> __init__.py
4
```

可以看到 __init__.py 的代码被执行了。

5.2　常用模块

Python 中已经有很多模块，用户也可以自定义模块。本章将讲解一些常用的模块，如表 5-1 所示。

表 5-1　Python 常用模块列表

模块名称	说明
copy	复制
keyword	记录关键字
random	获得随机数
sys	控制 shell 程序
time	得到时间

1.　copy 模块

想要对某一对象进行复制时，可以使用 Python 标准库的 copy 模块，它提供了两个方法实现复制功能。

（1）方法一称为浅拷贝，语法格式如下：

```
copy.copy(object)
```

它的作用是对内存地址进行复制，目标对象和源对象都指向同一片内存空间。所以当目标对象或源对象中的内容发生改变时，都是对同一块内存进行改变，目标对象和源对象会同时发生改变。示例代码如下：

```
import copy                    // 导入 copy 模块
class Dog:
```

```
    def __init__(self,name,age,color):
        self.name = name
        self.age = age
        self.color = color

dog1 = Dog('dog1',3,"red")
dog2 = Dog('dog2',2,"black")
dog3 = Dog('dog3',4,"green")
my_dogs = [dog1,dog2,dog3]              // 源对象
more_dogs = copy.copy(my_dogs)          // 复制后的目标对象
print more_dogs[0].name
print more_dogs[0].color
my_dogs[0].name="dog111"                        // 修改源对象的中的元素值
print "my_dogs[0].name:",my_dogs[0].name        // 输出源对象元素值
print "more_dogs[0].name:",more_dogs[0].name     // 输出目标对象元素值

// 结果
>>>
dog1
red
my_dogs[0].name: dog111
more_dogs[0].name: dog111
```

首先要导入 copy 模块，然后才能使用 copy.copy(my_dogs) 拷贝对象。使用 my_dogs[0].name="dog111" 对源对象中的元素值进行修改后，源对象和目标对象的值依然是相同的，因为它们指向的是同一块内存空间。

当完成浅拷贝后，如果再对源对象或者目标对象做增加元素的操作，此时是不会影响到另一方的，这是需要特别注意的情况。示例代码如下：

```
import copy
class Dog:
    def __init__(self,name,age,color):
        self.name = name
        self.age = age
        self.color = color

dog1 = Dog('dog1',3,"red")
dog2 = Dog('dog2',2,"black")
dog3 = Dog('dog3',4,"green")
dog4 = Dog('dog3',4,"green")
my_dogs = [dog1,dog2,dog3]
more_dogs = copy.copy(my_dogs)          // 浅拷贝
my_dogs.append(dog4)                    // 为源对象增加新元素
print len(my_dogs)
print len(more_dogs)
// 结果
>>>
4
3
```

完成拷贝后，又为 my_dogs 增加了新的元素，但此时源对象的长度是 4，而目标对象的长度还是 3。说明在源对象中新增加的元素，对于目标对象并不存在。

（2）方法二称为深拷贝，语法格式如下：

```
copy.deepcopy(object)
```

目标对象和源对象分别有各自的内存空间，内存地址是自主分配的。源对象的内容被复制到目标对象的内存空间中，也就是说完成复制后，目标对象和源对象虽然保存的数值是相同的，但内存地址是不一样的，两个对象互不影响，互不干涉。示例代码如下：

```
import copy                                    // 导入 copy 模块
class Dog:
    def __init__(self,name,age,color):
        self.name = name
        self.age = age
        self.color = color
dog1 = Dog('dog1',3,"red")
dog2 = Dog('dog2',2,"black")
dog3 = Dog('dog3',4,"green")
my_dogs = [dog1,dog2,dog3]                      // 源对象
more_dogs = copy.deepcopy(my_dogs)              // 使用深拷贝，复制后的目标对象
print more_dogs[0].name
print more_dogs[0].color
my_dogs[0].name="dog111"                        // 修改源对象的中的元素值
print "my_dogs[0].name:",my_dogs[0].name        // 输出源对象元素值
print "more_dogs[0].name:",more_dogs[0].name    // 输出目标对象元素值
// 结果
>>>
dog1
red
my_dogs[0].name: dog111
more_dogs[0].name: dog1
```

与上例不同的是，本例使用了 copy.deepcopy(my_dogs) 进行了深拷贝，其他代码没有变化，但输出目标对象和源对象的值却产生了变量。目标对象和源对象各自占用自己的内存空间，当源对象值改变后，目标对象的值并没有影响。

2. keyword 模块

使用 keyword 模块可以查看 Python 语言的关键字，它的属性 kwlist 包含了所有 Python 关键字的列表。方法 iskeyword(字符串) 用于判断参数是否是 Python 的关键字，如果是，则返回 True，否则返回 False。示例代码如下：

```
import keyword                    // 导入 keyword 模块
print "if 是 Python 的关键字吗？ %s" %keyword.iskeyword("if")
print "duang 是 Python 的关键字吗？ %s" %keyword.iskeyword("duang")
print "Python 的关键字列表：\n %s"%keyword.kwlist
```

// 结果
>>>
if 是 Python 的关键字吗？ True
duang 是 Python 的关键字吗？ False
Python 的关键字列表：
['and', 'as', 'assert', 'break', 'class', 'continue', 'def', 'del', 'elif', 'else', 'except', 'exec', 'finally', 'for', 'from', 'global', 'if', 'import', 'in', 'is', 'lambda', 'not', 'or', 'pass', 'print', 'raise', 'return', 'try', 'while', 'with', 'yield']

导入 keyword 模块后，使用 keyword.iskeyword() 判断字符串是不是关键字。使用 keyword.kwlist 得到了所有的 Python 关键字。

3. random 模块

random 模块用于生成随机的浮点数、整数或字符串，常用的方法如表 5-2 所示。

表 5-2　random 常用方法

方法	操作
random()	生成一个随机的浮点数，范围在 0.0 ～ 1.0 之间
uniform([上限][, 下限])	在设定浮点数的范围内随机生成一个浮点数
randint([上限][, 下限])	随机生成一个整数，可以指定这个整数的范围
choice(序列)	从任意序列中选取一个随机的元素返回
shuffle(序列)	随机打乱一个序列中元素的顺序
sample(序列，长度)	从指定的序列中随机截取指定长度的片断，序列本身不做修改

示例代码如下：

```
import random                    // 导入 random 模块
print random.randint(1,100)       // 随机选取 1 ～ 100 之间的整数
print random.randint(100,500)     // 随机选取 100 ～ 500 之间的整数
list1 = ['aaa','bbb','ccc']
str1 = random.choice(list1)       // 随机选取列表中一个元素
print ' 随时选取列表中的一个元素： ',str1
print ' 重新排序后 :\n'
random.shuffle(list1)             // 随机重新排序列表中的元素
for str1 in list1:
    print str1

// 结果
>>>
2
310
随时选取列表中的一个元素： ccc
重新排序后：

aaa
ccc
bbb
```

random 模块产生的结果都是随机的，每次运行的结果不一定相同。random.

randint(1,100) 是随机返回 1 至 100 之间的一个整数。random.choice(list1) 是随机返回列表中的一个元素。random.shuffle(list1) 是随机打乱列表元素的顺序。

下面使用 random 模块编写一个猜数字的游戏程序，示例代码如下：

```
import random
print " 猜数游戏 \n"
num = random.randint(1,20)          // 生成 1 ～ 20 之间的一个随机整数
while True:
    print " 请输入一个 1 至 20 的数字 :"
    i = int(input())
    if i == num:                    // 判断输入的数字与随机数是否相等
        print " 你猜对了 \n"
        break
    elif i < num:
        print " 数小了 \n"
    elif i > num:
        print " 数大了 \n"
// 结果
>>>
猜数游戏

请输入一个 1 至 20 的数字 :
5
数大了

请输入一个 1 至 20 的数字 :
3
数小了

请输入一个 1 至 20 的数字 :
4
你猜对了
```

使用 random.randint(1,20) 生成一个 1 ～ 20 之间的随机整数，然后对用户输入的数字进行判断，大小相等时程序退出，否则将提示用户数字大了或者小了。

4．sys 模块

sys 模块包含与 Python 解释器和运行环境相关的属性和方法，常用的属性和方法如表 5-3 所示。

表 5-3　sys 模块常用属性和方法

属性 / 方法	操作
version	获取解释器的版本信息
path	获取模块的搜索路径，初始化时使用 PYTHONPATH 环境变量的值
platform	获取操作系统平台名称
maxint	最大的 int 值

属性 / 方法	操作
maxunicode	最大的 Unicode 值
stdin	读取信息到 Shell 程序中
stdout	向 Shell 程序输出信息
Exit()	退出 Shell 程序

示例代码如下所示：

```
import sys              // 导入 sys 模块
print "Python version:%s" %sys.version
print "Python platform:%s" %sys.platform
print "Python path:%s" %sys.path
print "Python maxint:%s" %sys.maxint


str = sys.stdin.readline()
print str
sys.stdout.write("duang!!!\n")
sys.stdout.write(str)
sys.exit()
// 结果
>>>
Python version:2.7.8 (default, Jun 30 2014, 16:08:48) [MSC v.1500 64 bit (AMD64)]
Python platform:win32
Python path:['D:/pythonTest/11', 'D:\\Python27\\Lib\\idlelib', 'D:\\Python27\\lib\\site-packages\\
    setuptools-0.6c11-py2.7.egg', 'D:\\Python27\\lib\\site-packages\\pip-8.1.2-py2.7.egg', 'D:\\
    Python27\\lib\\site-packages\\beautifulsoup4-4.5.1-py2.7.egg', 'D:\\Python27\\lib\\site-packages\\
    six-1.7.3-py2.7.egg', 'C:\\Windows\\system32\\python27.zip', 'D:\\Python27\\DLLs', 'D:\\Python27\\
    lib', 'D:\\Python27\\lib\\plat-win', 'D:\\Python27\\lib\\lib-tk', 'D:\\Python27', 'D:\\Python27\\lib\\
    site-packages']
Python maxint:2147483647
aaa
aaa

duang!!!
aaa
```

前面几个都是 Python 相关的一些属性，sys.stdin.readline() 是接收键盘的输入，stdout.write() 是输出信息到屏幕，是对系统标准输入输出的调用。sys.exit() 是退出 Shell 程序。

5. time 模块

time 模块包含各种操作时间的方法，常用方法如表 5-4 所示。

表 5-4　time 模块的常用方法

属性 / 方法	操作
time()	获取当前时间戳
localtime()	获取当前时间的元组形式
ctime()	获取当前时间的字符串形式
asctime(t)	将时间转换成字符串，参数 t 是元组形式的时间
sleep(secs)	按指定的时间推迟运行，参数是推迟的时间，单位是秒

Python 中时间的表示方式有两种。一种是时间戳的方式，它是以相对 1970 年 1 月 1 日的 00：00：00 为起点，以秒计算的偏移量，是唯一的值。另一种是以元组的形式表示，共有 9 个元素，分别是 year（4 位数字组成）、month（1 ～ 12）、day（1 ～ 31）、hours（0 ～ 23）、minutes（0 ～ 59）、second（0 ～ 59）、weekday（0 ～ 6，0 表示周一）、Julian day（1 ～ 366，一年里的天数）、DST flag（-1，0 或 1，是否是夏令时，默认为 -1）。

下面用 time 模块的 time() 方法，以时间戳的形式计算程序代码执行的时间，示例代码如下：

```
import time
print time.time()

def lots_of_numbers(max):
  t1 = time.time()                       // 循环执行前的开始时间戳
  for x in range(0,max):
    print x
  t2 = time.time()                       // 循环执行后的结束时间戳
  print " 程序运行了 %d 秒 " % (t2-t1)   // 执行循环用了多少时间

lots_of_numbers(1000)

// 结果
>>>
1476282515.24
// 省略内容
程序运行了 7 秒
```

使用 time.time() 获得的是以秒为单位的偏移量，在 for 循环开始处获得时间戳，循环结束时再获得时间戳，相减后就是循环执行的时间。

下面以元组的形式获取时间，示例代码如下：

```
import time
print time.time()                        // 获取时间戳
print time.asctime()                     // 时间的字符串形式
print time.localtime()                   // 时间的元组形式
```

```
t1 = (2015,9,29,10,30,12,12,12,0)
print time.asctime(t1)          // 把时间的元组形式转换为字符串形式
t2 = time.localtime()
year = t2[0]                    // 获得时间元组中的年份
print year
for i in range(1,5):
    print i
    time.sleep(1)               // 推迟 1 秒，再向后运行


// 结果
>>>
1476283660.67
Wed Oct 12 22:47:40 2016
time.struct_time(tm_year=2016, tm_mon=10, tm_mday=12, tm_hour=22, tm_min=47, tm_sec=40,
    tm_wday=2, tm_yday=286, tm_isdst=0)
Sat Sep 29 10:30:12 2015
2016
1
2
3
4
```

使用 time.localtime() 可以获得元组形式的时间，需要任何时间的值只需要去元组中找对应的元素即可。time.sleep(1) 的作用是使程序推迟 1 秒再继续运行，输出数字时可以看到，是在停止 1 秒后再显示下一个数字。

5.3   文件和目录操作

文件与目录操作是编程语言中非常重要的功能，Python 也对其提供了相应的 API 支持。下面介绍它们的具体使用方法。

5.3.1   文件操作

1. 计算机文件

在计算机系统中，以硬盘为载体存储在计算机上的信息集合称为文件。文件可以是文本文档、图片、声音、程序等多种类型。在编程时经常要对文件进行读写等操作，从程序员的视角可以把文件理解为是连续的字节序列,进行数据传输需要使用字节流，字节流可以是由单个字节或大块数据组成。文件类型通常分为文本文件和二进制文件。

2. 文件打开和关闭操作

在 Python 中对文件进行操作分为 3 个步骤，首先要打开文件，然后是对文件进行读写操作，最后需要关闭文件。

（1）打开文件使用的是 open() 函数，它提供初始化输入、输出（I/O）操作的通用接口，成功打开文件后返回一个文件对象，打开失败则引发一个错误。打开文件的语法如下：

```
file_object = open(file_name,access_mode [,buffering])
```

file_name 是要打开的文件名，可以是文件的相对路径或绝对路径。绝对路径是文件在硬盘上真正存在的路径，如 e:\python\src 是绝对路径。相对路径是相对于当前运行程序所在路径的目标文件位置，表示相对路径时，"."表示当前的位置，".."表示当前位置的上一级，如 ..\images 或 .\DB 是相对路径。使用相对路径的好处是，当程序迁移时，由于绝对路径与本地计算机关联紧密，程序运行可能会出错，所以，通常是使用相对路径。

access_mode 表示文件打开的模式，常用模式如表 5-5 所示。

表 5-5　打开模式参数说明

模式	操作	说明
r	读取	文件必须存在
w	写入	如果文件存在，要先清空其中的数据，再重新创建
a	追加	如果文件不存在，先自动创建文件。所有写入的数据都将追加到文件的末尾
b	二进制文件	不能作为第 1 个字符出现

r 表示的是对文件进行读取操作，w 表示写入数据到文件中，a 是追加数据到文件的末尾，b 是标识文件为二进制文件，与 r、w、a 组合使用。如打开音视频等二进制文件时，需要使用 b 模式。不指定模式时，默认是 r 模式。

buffering 表示访问文件采用的缓冲方式。0 表示不缓冲，1 表示只缓冲 1 行，任何大于 1 的值表示按给定值作为缓冲区大小，不提供参数或给定负值表示使用系统默认缓冲机制。

（2）对文件进行读写等操作后需要关闭文件，目的是释放文件占用的资源。使用的是 file.close() 方法，file 表示的是已打开的文件对象。如果不显式地关闭文件，Python 的垃圾收集机制也会在文件对象的引用计数为 0 时自动关闭文件，但是可能会丢失输出缓冲区的数据。如果不及时关闭已经打开的文件，该文件资源会被占用，将无法对该文件执行其他操作，如删除文件的操作。因此，要养成良好的编程习惯，在完成文件操作后，要及时关闭文件，释放资源。

（3）打开和关闭文件的示例代码如下：

```
fp = open('e:/readme.txt','w')            // 绝对路径，写文件
fp.close()

fp = open('./readme.txt','r')             // 相对路径，读文件
fp.close()
```

第一个是使用绝对路径，'w' 表示对文件进行的写操作，如果文件不存在，则会创建一个空文件。第二个是使用相对路径，在当前 Python 文件的目录下查找，'r' 表示读取，如果找不到则会出错，找到则会读取文件。

3. 向文件中写入数据

打开文件后可以把表示文本数据或二进制数据块的字符串写入到文件中。Python 提供了两个方法，一个是 file.write(str)，str 表示一个字符串；另一个是 file.writelines(seq)，seq 表示字符串序列，实际上是字符串的元组或列表。使用时需要注意，行结束符并不会自动写入到文件中，需要在每行的结尾加上行结束符"\n"。示例代码如下：

```
fp = open('e:/readme.txt','w')
fp.write("write1")
fp.write("write2\n")
fp.writelines(["writelines1\n","writelines2\n"])
fp.close()
// 生成的文本文件 e:/readme.txt 中的内容
write1write2
writelines1
writelines2
```

fp.write("write1") 字符串后面没有加入"\n"，文件内容中没有换行。fp.write("write2\n") 有换行符，后面的内容就在下一行显示。fp.writelines(["writelines1\n","writelines2\n"]) 使用列表输出，都有换行符，所以在不同行显示。

4. 从文件中读取数据

读取文件中的数据有多种方式，可以直接读取字节，也可以读取一行数据，还可以读取剩余的行数据。

（1）使用 file.read() 方法可以读取字节，它可以指定数值参数，表示以当前位置开始要读取的字节数，也可以不指定数值参数，表示以当前位置开始到文件结尾的所有字节。可以使用字符串变量接收它的返回值。示例代码如下：

```
fp = open('e:/readme.txt','w')          // 写入数据
fp.writelines(["01234\n","56789\n"])
fp.close()

fp = open('e:/readme.txt','r')          // 读取数据
print "fp.read(3)"
print fp.read(3)
print "fp.read(5)"
print fp.read(5)
print "fp.read()"
print fp.read()
fp.close()
```

```
// 显示结果
>>>
fp.read(3)
012
fp.read(5)
34
56
fp.read()
789
```

首先写入了一个数据文件，第一行内容是 012345，第二行是 56789，实际上每行还有一个换行符，总共是 12 个字符。读取文件时，先使用 read(3) 读取，表示从文件起始位置到第 3 个字符，所以输出结果是 012。然后使用 read(5) 读取，此时就不是从文件起始位置开始，而是从上一次未读取的字符开始取后面的 5 个字符，所以输出的是 34\n56，包括换行符共 5 个字符。最后使用 read() 读取，就是未读取的所有字符 789。

（2）使用 file.readline() 可以读取一行数据，同样是返回一个字符串。还可以使用 file.readlines() 读取剩余的行数据，返回的是一个字符串列表。示例代码如下：

```
fp = open('e:/readme.txt','w')
fp.writelines(["01234\n","56789\n","abcde"])
fp.close()

fp = open('e:/readme.txt','r')
print "readline():"
print fp.readline()
print "readlines():"
print fp.readlines()
fp.close()

// 显示结果
>>>
readline():
01234

readlines():
['56789\n', 'abcde']
```

往文件中写入了三行数据，使用 readline() 时读取了第 1 行数据，然后使用 readlines() 读取了剩余的 2 行，返回字符串的列表。实际编程时需要注意，按行读取时速度很快，但文件较大时读取所有行就会很慢，

（3）以写方式打开文件时，不支持读操作，但是还有其他几种模式存在，使用 r+、w+、或 a+ 方式打开文件，可以同时进行读写操作。r+ 表示不清除原文件内容，读写方式打开，而新添加的数据在文件尾部；w+ 表示清除原文件内容，读写方式打开，读不到原文件的内容；a+ 表示把文件指针移到文件末尾，在文件末尾可以继续写数据，

读数据不受影响。

（4）从 Python2.2 开始，引进了迭代器和文件迭代，使文件操作更加高效，不需要调用 read() 方法。迭代就是在 for 循环中读取每一行数据，示例代码如下：

```
fp = open('e:/readme.txt','w')
fp.writelines(["01234\n","56789\n","abcde"])
fp.close()


fp = open('e:/readme.txt','r')
for eline in fp:
    print eline
fp.close()
// 显示结果
>>>
01234

56789

abcde
```

在 for 循环中 fp 表示打开的文件，eline 表示迭代的每行数据，包含末尾的行结束符，这样对文件的读取更容易操作。

5. 文件指针

前面讲到的文件操作是按顺序进行读取的，在 Python 中实际上是用指针实现的。指针是指向文件中的数据的位置，当打开文件后，指针是指向文件的开始处，当读取一定的数据后，指针后移到未读取的位置，再读取时就以指针为开始位置向后继续读取。默认情况下，指针是从左向右，从上至下移动，且文件指针不能自动往回移动。

Python 提供了移动指针的方法 file.seek(offset,whence=0)，使对文件的操作可以更加灵活。参数 offset 是相对于某个位置的偏移量，以字节为单位。当 offset 为正数时，表示从前向后移动指针；当 offset 为负数时，表示从后向前移动指针。参数 whence 指定偏移前的位置，0(SEEK_SET) 表示文件开始处；1(SEEK_CUR) 表示指针的当前位置；2(SEEK_END) 表示文件末尾处。获得指针当前位置的方法是 file.tell()，它是从文件起始位置开始计算，也是以字节为单位。下面示例代码演示指针对文件的操作：

```
fp = open('e:/readme.txt','r+')
fp.writelines("0123456789")
print " 写入数据后指针位置是 :",fp.tell()
fp.seek(0)
print " 指针移动到位置起始位置 ",fp.tell()
fp.seek(3)
print " 向后移动 3 个字节后位置是 :",fp.tell()
print fp.read(3)
print " 读取 3 个字节后位置是 :",fp.tell()
```

```
fp.seek(-4,1)
print " 向前移动 4 个字节后位置是 :",fp.tell()
print " 指针后所有数据是： ",fp.read()
fp.close()

// 结果
>>>
写入数据后指针位置是 : 10
指针移动到位置起始位置 0
向后移动 3 个字节后位置是 : 3
345
读取 3 个字节后位置是 : 6
向前移动 4 个字节后位置是 : 2
指针后所有数据是： 23456789
```

使用 'r+' 打开文件，写入数据后，指针是指向文件的末尾。使用 fp.seek(0) 可以把指针移动到起始位置 0。fp.seek(3) 使指针向后移动 3 个字节，此时指针是指向文件中的字符 3，fp.read(3) 读取 3 个字节，所以输出是 345。此时指针的位置是 6，指向文件中的字符 6，使用 fp.seek(-4,1) 是在当前位置向前移动 4 个字节，此时指针指向字符 2，所以最后 fp.read() 输出 2 之后的所有内容。

6. 常用的文件对象内建方法

文件对象的操作方法有很多，常用的方法总结如表 5-6 所示。

表 5-6　文件对象的操作方法

方法	操作
open()	创建并打开文件
file.close()	关闭文件
file.fileno()	返回文件的描述符
file.read(size=-1)	从文件读取 size 个字节，当未给定 size 或给定负值时，读取剩余的所有字节，作为字符串返回
file.readline(size=-1)	从文件中读取并返回一行（包括行结束符），或返回最大的 size 个字符
file.readlines(sizhint=0)	读取文件的所有行并作为一个列表返回（包括所有的行结束符）。如果给定 sizhint 且大于 0，将返回总和大约为 sizhint 字节的行
file.seek(off,whence=0)	在文件中移动文件指针，从 whence 偏移 off 字节。其值 0 代表文件开始，1 代表当前位置，2 代表文件末尾
file.write(str)	向文件写入字符串
file.writelines(seq)	向文件写入字符串序列 seq

5.3.2　目录操作

目录操作可以使用 Python 的 OS 模块来进行。

（1）获取当前路径是经常会用到的方法，可以使用 getcwd() 函数，示例代码如下：

```
import os
print os.getcwd()
```

使用 listdir(path) 可以获得目录下面的所有文件的目录列表，示例代码如下：

```
import os
print os.listdir(os.getcwd())
```

（2）创建新的目录可以使用 mkdir(path) 函数，示例代码如下：

```
import os
print os.mkdir('test')
```

默认目录创建在当前目录下，也可以指定全路径进行创建。

删除目录可以使用 rmdir(path)，示例代码如下：

```
import os
print os.rmdir('test')
```

（3）判断目录是否存在使用 path.isdir(path)，示例代码如下：

```
import os
print os.path.isdir('test')
```

判断是否是文件可以使用 path.isfile(path)，示例代码如下：

```
import os
print os.path.isfile('test')
```

（4）使用 walk(path) 函数可以遍历目录中的所有文件和目录中的内容，它返回一个可迭代的生成器，使用 for 循环可以进行处理，示例代码如下：

```
import os
o = os.walk("D:\Python27\ ")
print [f for f in o ]
```

本章总结

- 模块的文件名 = 模块名 + 后缀 .py。模块之间代码共享，可以相互调用，实现代码重用，并且模块中函数名称必须唯一。
- 想要对某一对象进行复制时，可以使用 Python 标准库的 copy 模块。
- random 模块用于生成随机的浮点数、整数或字符串。
- sys 模块包含与 Python 解释器和运行环境相关的属性和方法。
- 文件是连续的字节序列，进行数据传输需要使用字节流，字节流可以由单个字节或大块数据组成。

- Python 提供了移动指针的方法 file.seek(offset,whence=0)，使对文件的操作可以更加灵活。

本章作业

1. 某公司要搞限时促销活动，需要为 APP 应用生成 100 个激活码，使用 Python 如何生成 100 个激活码？

2. 编写猜数字大小游戏，随机输入一个 1 至 20 的数字，然后猜大小。

3. 敏感词文本文件 filtered_words.txt，里面的内容为以下内容，当用户输入敏感词语时，则打印出 Freedom，否则打印出 Human Rights。

北京
程序员
公务员

4. 敏感词文本文件 filtered_words.txt，里面的内容和上题一样，当用户输入敏感词语，则用星号 * 替换，例如当用户输入「北京是个好城市」，则变成「** 是个好城市」。

5. 创建目录 test，并创建 test 的子目录 subtest 和文件 test.txt，写入字符到 test.txt 文件中。

6. 用课工场 APP 扫一扫，完成在线测试，快来挑战吧！

随手笔记

第6章

异常处理与程序调试

技能目标

- 掌握 Python 的异常处理
- 掌握测试和调试程序的方法

本章导读

异常处理是程序中用于处理意外情况的代码段，而在代码编写的过程中，经常要进行调试和测试工作，本章将介绍它们的具体使用方法。

知识服务

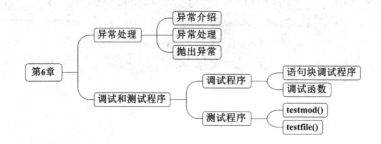

6.1 异常处理

1. 异常

（1）在人们的工作生活中，做某一件事情的时候，通常并不能很顺序地完成，在做事情的过程中可能会有一些意外的情况发生。比如在开车上班的途中车胎被扎漏气，就需要先补好车胎再去上班。再比如在写作业的时候笔坏了，就需要换一支新笔。也就是当有意外情况发生时，就需要有解决的方法，以便事情能够继续做下去。对于程序来说，当要完成某一功能时，有可能也会产生一些意外的情况，这种意外发生的情况在程序中称为异常。

下面演示异常可能发生的情况，示例代码如下：

```
while True:
    str1 = ' 输入 1 个整数作为第 1 个操作数 \n'
    str2 = ' 输入 1 个整数作为第 2 个操作数 \n'
    print ' 开始执行除法运算 \n'
    op1 = input(str1)
    op2 = input(str2)
    result = op1 /op2
    print '%d / %d = %d' %(op1,op2,result)
```

直观上看这段代码没有什么问题，只是一个循环做除法的计算功能。但是如果除数是 0 时，在数学计算中是没有意义的，所以输入第 2 个参数是 0，则会出现异常情况，输出结果如下：

```
开始执行除法运算

输入 1 个整数作为第 1 个操作数
3
输入 1 个整数作为第 2 个操作数
0

Traceback (most recent call last):
  File "D:/pythonTest/11/11-2.py", line 7, in <module>
    result = op1 /op2
ZeroDivisionError: integer division or modulo by zero
```

产生了一个 ZeroDivisionError 异常，提示除数不能为 0，此时程序中断结束，无法继续向下执行。那么就像是车胎被扎一样，把车胎补上就可以继续开车，而程序也需要做适当的处理，不能因为异常发生就让程序中断结束。

（2）程序中的异常一旦产生，会中断正在运行的程序。常见的异常有读写文件时，文件不存在；访问数据库时，数据库管理系统没有启动；网络连接中断；算术运算时，除数为 0；序列越界等。异常（Exception）通常可看作是程序的错误（Error），是指程序是有缺陷（Bug）的。错误分为语法错误和逻辑错误。语法错误是指 Python 解释器无法解释代码，在程序执行前就可以进行纠正。逻辑错误是因为不完整或不合法的输入导致程序执行得不到预期的结果。所以通常所说的异常指的是逻辑错误，当 Python 脚本发生异常时需要捕获处理，否则程序会终止执行。

下面演示对异常进行捕获处理，示例代码如下：

```
while True:
    str1 = ' 输入 1 个整数作为第 1 个操作数 \n'
    str2 = ' 输入 1 个整数作为第 2 个操作数 \n'
    print ' 开始执行除法运算 \n'
    try:                    // 可能产生异常的代码块
        op1 = input(str1)
        op2 = input(str2)
        result = op1 /op2
        print '%d / %d = %d' %(op1,op2,result)
    except ZeroDivisionError:          // 捕获除数为 0 的异常
        print ' 捕获除数为 0 的异常 '
// 结果
>>>
开始执行除法运算

输入 1 个整数作为第 1 个操作数
11
输入 1 个整数作为第 2 个操作数
0
捕获除数为 0 的异常
开始执行除法运算

输入 1 个整数作为第 1 个操作数
```

当输入第 2 个参数为 0 时，程序继续到下一次循环执行，也就是异常情况得到了处理，程序并没有因为异常而终止。

这段代码使用 try-except 的语法结构，对引发的异常进行了处理，保证程序能继续执行并获得正确的结果。所以对异常进行处理要分为两个阶段，第一个阶段是可能引发异常的代码，第二个阶段是要对异常进行处理。当异常发生时，不仅能检测到异常条件，还可以在异常发生时采取更可靠的补救措施，排除异常。也就是异常是在编写程序时，已经预计可能会发生的意外情况，然后在编码时对它进行处理。

（3）前例中的 ZeroDivisionError 是除数为 0 的异常类，Python 中还有很多内置的异常类，它们分别表示异常发生的具体情况。如表 6-1 所示。

表 6-1　Python 内置的异常类

异常类	说明	举例
NameError	尝试访问一个未声明的变量	>>>foo
ZeroDivisionError	除数为零	>>>1/0
SyntaxError	解释器语法错误	>>>for
IndexError	请求的索引超出序列范围	>>>iList=[] >>>iList[0]
KeyError	请求一个不存在的字典关键字	>>>idict={1:'A',2:'b'} >>>print idict['3']
IOError	输入 / 输出错误	>>>fp = open("myfile")
AttributeError	尝试访问未知的对象属性	>>>class myClass(): 　　pass >>>my = myClass() >>>my.id

下面演示几个异常发生的情况，示例代码如下：

```
>>> foo

Traceback (most recent call last):
  File "<pyshell#0>", line 1, in <module>
    foo
NameError: name 'foo' is not defined          // 尝试访问一个未声明的变量
>>> for
SyntaxError: invalid syntax                    // 解释器语法错误
>>> iList=[]
>>> iList[0]

Traceback (most recent call last):
  File "<pyshell#3>", line 1, in <module>
    iList[0]
IndexError: list index out of range           // 请求的索引超出序列范围
```

第 1 个异常类是 NameError，后面的 name 'foo' is not defined 的意思是变量 "foo" 未定义。第 2 个异常类是 SyntaxError，后面的 invalid syntax 的意思是错误的语法。第 3 个异常类是 IndexError，后面的 list index out of range 的意思是索引超出序列范围。通过这 3 个示例可以看出，异常产生时，有一个异常类对应，且后面有提示的英文。熟悉这些异常类可以帮助我们快速的解决问题，减少程序中的缺陷。

2. 异常处理

在 Python 中可以使用 try 语句检测异常，任何在 try 语句块里的代码都会被检测，检查是否有异常发生。try 语句有两种主要形式 try-except 和 try-finally。

（1）使用 try-except 定义异常监控，并且提供处理异常的机制语法结构如下：

```
try:
    语句  # 被监控异常的代码块
except 异常类 [, 对象 ]:
    语句  # 异常处理的代码
```

当执行 try 中的语句块时，如果出现异常，立即中断 try 语句块的执行，转到 except 语句块。将产生的异常类型与 except 语句块中的异常进行匹配，如果匹配成功，执行相应的异常处理；如果匹配不成功，将异常传递给更高一级的 try 语句。如果一直没有找到处理程序则停止执行，抛出异常信息。

通过下面的代码示例分析异常的处理过程：

```
while True:
    str1 = ' 输入 1 个整数作为第 1 个操作数 \n'
    str2 = ' 输入 1 个整数作为第 2 个操作数 \n'
    print ' 开始执行除法运算 \n'
    try:                    // 可能产生异常的语句块
        op1 = input(str1)
        op2 = input(str2)
        result = op1 /op2
        print '%d / %d = %d' %(op1,op2,result)
    except ZeroDivisionError as e:          // 捕获除数为 0 异常
        print ' 捕获除数为 0 的异常 '
        print e

// 结果
>>>
开始执行除法运算

输入 1 个整数作为第 1 个操作数
1
输入 1 个整数作为第 2 个操作数
0
捕获除数为 0 的异常
integer division or modulo by zero
开始执行除法运算

输入 1 个整数作为第 1 个操作数
```

try 语句块中的代码有可能产生异常，当执行到 result = op1 /op2 时，除数为 0 的异常发生，try 语句块就中断执行，直接转到 except 语句进行异常的匹配，与 ZeroDivisionError 匹配成功则执行它对应的代码块。ZeroDivisionError as e 的作用是把异常类赋值给变量 e，用于输出异常信息。

try-except 结构还可以加入 else 语句，当没有异常产生时，执行完 try 语句块后，就要执行 else 语句块中的内容。示例代码如下：

```
while True:
    str1 = ' 输入 1 个整数作为第 1 个操作数 \n'
    str2 = ' 输入 1 个整数作为第 2 个操作数 \n'
    print ' 开始执行除法运算 \n'
    try:
        op1 = input(str1)
        op2 = input(str2)
        result = op1 /op2
    except ZeroDivisionError as e:
        print ' 捕获除数为 0 的异常 '
        print e
    else:                   //try 中没有异常产生时，执行 else
        print '%d / %d = %d' %(op1,op2,result)
// 结果
>>>
开始执行除法运算

输入 1 个整数作为第 1 个操作数
3
输入 1 个整数作为第 2 个操作数
2
3 / 2 = 1
开始执行除法运算

输入 1 个整数作为第 1 个操作数
```

当输入的数据不产生异常时，执行完 try 语句块后，程序转到 else 语句块继续执行，输出结果的语句写到了 else 语句块中。输出结果的语句放在 try 语句块中和在 else 语句块中，对程序的执行结果并没有什么影响，在 Java 等其他语言中也没有 else 这种使用形式。

在同一个 try 语句块中有可能产生多种类型的异常，可以使用多个 except 语句进行处理，语法结构如下：

```
try:
    语句  # 被监控异常的代码块
except 异常类 1 [, 对象 ]:
    语句  # 异常处理的代码
……
except 异常类 n [, 对象 ]:
    语句  # 异常处理的代码
```

当 try 语句块发生异常时，产生的异常类去匹配 except 后面的异常类，按顺序哪一个能匹配成功则执行对应的语句块。示例代码如下：

```
def safe_float(obj):
    try:
```

```
    retval = float(obj)
  except ValueError as e1:              // 字符串转浮点数异常
    print e1
    retval = " 非数值类型数据不能转换为 float 数据 "
  except TypeError as e2:               // 类型转换错误错误
    print e2
    retval = " 数据类型不能转换为 float"
  return retval

print safe_float('xyz')
print safe_float(())
print safe_float(200)
print safe_float(99.9)

// 结果
>>>
could not convert string to float: xyz
非数值类型数据不能转换为 float 数据
float() argument must be a string or a number
数据类型不能转换为 float
200.0
99.9
```

当参数是"xyz"时，产生 ValueError 异常，被 except ValueError as e1: 捕获，执行对应的语句块。当参数是元组"()"时，产生 TypeError 异常，被 except TypeError as e2: 捕获，执行对应的语句块。如果是正常的数据不产生异常，则执行最后的返回语句。

（2）Python 中的 BaseException 异常类是所有异常的基类，也就是所有的其他异常类都是直接或间接继承 BaseException。直接继承 BaseException 的异常类有 SystemExit、KeyboardExit 和 Exception 等。SystemExit 是 Python 解释器请求退出，KeyboardExit 是用户中断执行，Exception 是常规错误。前面我们讲到的异常都是 Python 内置的异常，包括用户自定义异常，它们的基类都是 Exception。

如果多个 except 语句块同时出现在一个 try 语句中，异常的子类应该出现在其父类之前。因为发生异常时 except 是按顺序逐个匹配，而只执行第一个与异常类匹配的 except 语句，因此必须先子类后父类。如果父类放在了前面，当产生子类的异常时，父类对应的 except 语句会匹配成功，子类对应的 except 语句将不会有执行的机会。下面演示捕获子类异常和父类异常的情况，示例代码如下：

```
def safe_float(obj):
  try:
    retval = float(obj)
  except Exception as e3:
    retval = " 有异常产生，类型不详 "
  except ValueError as e1:
    print e1
    retval = " 非数值类型数据不能转换为 float 数据 "
```

```
        except TypeError as e2:
            print e2
            retval = " 数据类型不能转换为 float"
        return retval

    print safe_float('xyz')
    print safe_float(())
    print safe_float('595.99')
    print safe_float(200)
    print safe_float(99.9)
    // 结果
    >>>
    有异常产生，类型不详
    有异常产生，类型不详
    595.99
    200.0
    99.9
```

首先捕获了 Exception，然后分别捕获 ValueError 和 TypeError。因为 Exception 是基类，所以当发生异常时，都是执行 Exception 对应的语句块。如果对于类型转换产生的异常，不需要针对不同的情况进行处理，那么只需要把后两个异常处理语句删除即可。如果想针对不同的情况处理，那么就需要调整 Exception 语句的位置，把它放到最后面，也就是前面具体的异常类都不匹配时，才会匹配 Exception。

（3）对于同一类的异常，也可以只使用一个 except 语句，把同类的异常放到一个元组中进行处理，语法结构如下：

```
try:
    语句  # 被监控异常的代码块
except ( 异常类 1 [, 异常类 2][, ……异常类 n])[, 对象 ]:
    语句  # 异常处理的代码
```

示例代码如下：

```
def safe_float(obj):
    try:
        retval = float(obj)
    except (ValueError ,TypeError):
        retval = " 参数必须是一个数值或数值字符串 "
    return retval
    print safe_float('xyz')
    print safe_float(())
    print safe_float('595.99')
    print safe_float(200)
    print safe_float(99.9)


    // 结果
```

```
>>>
参数必须是一个数值或数值字符串
参数必须是一个数值或数值字符串
595.99
200.0
99.9
```

ValueError 和 TypeError 被放到了一个元组中，它们中的任何一个异常发生，都会被捕获。使用这种方式的前提是，异常是同类的，否则程序的处理会产生问题。

（4）try 还有一个非常重要的处理语句 finally，一般代码中只能有一个 finally 语句块，它表示无论是否发生异常，都会执行的一段代码。加入 finally 后，try 有以下几种形式：try-except-finally、try-except-else-finally 和 try-finally。finally 通常是用来释放占用的资源，例如关闭文件、关闭数据库连接等。语法结构如下：

```
try:
    语句  # 被监控异常的代码块
except 异常类 1 [, 对象 ]:
    语句  # 异常处理的代码
[else:
    语句 ]  # try 语句块的代码全部成功时的操作
finally:
    语句  # 无论如何都执行
```

当对文件进行操作后，关闭文件是必须要做的工作，可以把关闭文件的代码写到 finally 中，示例代码如下：

```
fp = None
try:
    fp = open('e:/readme.txt','r+')
    fp.write('12345')
except IOError:
    print ' 文件读写出错 '
except Exception:
    print ' 文件操作异常 '
else:
    fp.seek(1)
    f = fp.readlines()
    print f
finally:
    fp.close()
    print ' 关闭文件 '

// 结果
>>>
['234556789']
关闭文件
```

这段代码没有异常产生，最后执行到了 finally 语句块中，执行关闭文件的语句。

如果有异常生产，同样是要执行 finally 语句块，执行关闭文件的语句。所以 finally 的作用是非常明显的，把释放资源的代码放在里面，可以保证代码一定会执行到。

3. 抛出异常

在现实生活中，当我们要完成一项工作时，碰到问题不知道怎样解决或没有权限做决断，就需要向上一级领导反映问题，而上一级领导还是不知道怎样解决，依然要继续向上反映，直到某一级别的领导可以解决，或者是公司的最高领导还是无法解决，就需要暂停工作，思考解决办法。异常也有类似的情况，前面的示例讲到的异常是可以在当前程序块中解决的，但是一旦解决不了，就需要向调用它的程序块抛出异常，寻找解决办法。比如 float() 是 Python 自带的转换为浮点数的函数，调用时只需要传递数据给它，当它无法把参数转换为浮点数时，就抛出了异常，告诉调用者是什么原因无法转换。此时调用者就可以根据异常找到存在的问题，寻找解决办法。通过抛出异常、接收并处理异常，还可以实现程序的多分支处理。

（1）在程序中抛出异常使用 raise 语句，常用的语法格式如下：

```
raise 异常类
raise 异常类（参数或元组）
```

参数是指用户可以自定义的提示信息，使调用者能快速地知道存在的问题。

下面假设程序中要求输入的文件名不能是 _hello_，示例代码如下：

```
filename = raw_input("please input file name：")
if filename == "_hello_":
    raise NameError("input file name error")
//结果
>>>
please input file name：_hello_

Traceback (most recent call last):
  File "D:/pythonTest/11/11-5.py", line 3, in <module>
    raise NameError("input file name error")
NameError: input file name error
```

当输入文件名是 _hello_ 时，条件判断成立，执行抛出异常语句，显示 NameError: input file name error，和前面看到的异常的形式是相同的。此时的异常将交给上一级处理，也就是 Python 解释器接收异常，因为没有对异常进行解决，所以最后的结果是程序终止运行。

（2）对于抛出的异常，需要对它进行捕获处理，示例代码如下：

```
def filename():
    filename = raw_input("please input file name:")
    if filename == "_hello_":
        raise NameError("input file name error")
    return filename
```

```
while True:
    try:                    // 对异常进行捕获处理
        filename = filename()
        print "filename is %s" %filename
        break
    except NameError:
        print "please input file name again!"
// 结果
>>>
please input file name:_hello_
please input file name again!
please input file name:
```

在函数 filename() 中，如果输入的文件名是 _hello_，将会抛出 NameError 异常。调用时需要用 try 对它进行捕获处理，此时程序就不会终止运行，增加了程序的健壮性。

6.2 调试和测试程序

Python 提供了内置的 pdb 模块进行程序调试，也提供了单元测试的模块 doctest。本节将讲解这两个模块如何使用。

6.2.1 调试程序

pdb 模块采用命令交互的方式，可以设置断点、单步执行、查看变量等，pdb 模块中的调试函数分为两种：

1. 语句块调试函数

run() 函数可以对语句块进行调试，只要把语句块作为参数执行即可进行调试，示例代码如下：

```
import pdb

pdb.run('''
for i in range(1,3):
    print i
''')
```

这是对 for 循环进行调试的一段代码，运行后会出现调试的命令提示，如下所示：

```
>>>
> <string>(2)<module>()
(Pdb)
```

然后就可以输入命令进行调试，常用的命令如表 6-2 所示。

表 6-2　pdb 常用命令

命令 / 完整命令	描述
h/help	查看命令列表
b/break	设置断点
j/jump	跳转到指定行
n/next	执行下一条语句，不进入函数
r/return	运行到函数返回
s/step	执行下一条语句，遇到函数进入
q/quit	退出 pdb

2. 调试函数

如果需要对函数进行调试，可以使用 runcall()，示例代码如下：

```
import pdb

def sum (a,b):
    total = a+b
    return total

pdb.runcall(sum,10,5)
```

pdb.runcall(sum,10,5) 的含义是调试 sum 函数，后面是它的参数。执行后也是 pdb 的命令行模式，输入命令可以进行调试。

6.2.2　测试程序

doctest 模块提供了测试的函数，testmod() 可以对 docstring 中的测试用例进行测试，测试用例使用 ">>>" 表示，示例代码如下：

```
def sum(a,b ):
    """
    >>> sum(1,4)
    5
    >>> sum(100,11)
    133
    """
    return a+b
if __name__ == '__main__':
    import doctest
    doctest.testmod()
```

在每个 ">>>" 后面就是调用函数的测试用例，紧跟在下面的内容是函数的返回结果，需要注意的是在 ">>>" 后面要有一个空格。执行结果如下：

```
>>>
************************************************************
File "D:\Python27\myTest\sum.py", line 5, in __main__.sum
Failed example:
    sum(100,11)
Expected:
    133
Got:
    111
************************************************************
1 items had failures:
   1 of  2 in __main__.sum
***Test Failed*** 1 failures.
```

因为我们对 sum(100,11) 指定的结果是 133，但它的函数处理结果是 111，所以显示出相应的错误信息。如果测试用例都能通过，就没有任何的错误信息。

上面代码是把测试代码和函数写在了一个 Python 文件中，也可以把测试代码写到单独的文本文件中，然后使用 testfile() 函数进行测试，示例代码如下：

```
//sum.py
def sum1(a,b ):
    return a+b    111

//testsum.txt
>>> from sum import sum1
>>> sum1(1,4)
5
>>> sum1(100,11)
133

//test.py
import doctest
doctest.testfile('testsum.txt')
```

执行 test.py 后，测试结果与使用 testmod() 函数相同。

本章总结

- 使用 try-except 定义异常监控，并且提供处理异常的机制。
- pdb 模块可以进行程序调试，doctest 模块可以进行程序测试。

本章作业

1. 使用异常捕获处理：把 raw_input() 输入的字符串转型为数值，如果失败，则输出"参数必须是一个数值或数值字符串"；如果成功则输出数据。

2．编写如下函数的测试用例。

```
def sum(a,b,c,d ):
    return (a+b)*(c+d)
```

3．用课工场 APP 扫一扫，完成在线测试，快来挑战吧！

第7章

GUI 编程与游戏开发

技能目标

- 熟悉 GUI 概念
- 掌握 Tkinter 开发

本章导读

GUI 开发是一种关系到用户和计算机交互的技术，对终端用户的使用体验和软件的使用效率起到了重要的作用，全称是图形用户界面（Graphical User Interface）。GUI 使用图形化的人机交互界面，用户不需要记忆和键入繁琐的命令，只需要使用鼠标直接操作界面，极大地方便了非专业用户的使用。在 20 世纪 80 年代，Apple（苹果）公司将图形用户界面引入微机领域，推出的 Macintosh 以其全鼠标、下拉菜单操作和直观的图形界面，引发微机人机界面的历史性变革。而后 Microsoft（微软）公司推出 Windows 系统，使 GUI 应用于用户面更广的个人计算机平台。

知识服务

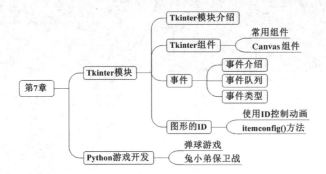

7.1   Tkinter 模块

7.1.1   Tkinter 模块介绍

使用 Python 语言开发 GUI 程序，可以通过多种开发库实现，如 PyQt 和 Tkinter 模块。其他库的版本更新比较缓慢，本章将讲解使用 Tkinter 模块开发 GUI 程序。

Tkinter 是 Python 内置的 GUI 开发工具包，它提供了一个快速和容易的方法来创建 GUI 应用程序，可以方便地进行图形界面设计和交互操作编程。它具有简单易用、与 Python 结合度好的优点，也有缺少合适的可视化界面设计工具、需要通过代码完成窗口设计和元素布局的缺点。

使用 Python 的标准安装程序中自带的 Tkinter 模块，执行步骤如下：

（1）导入 Tkinter 模块，使用 from Tkinter import * 或 import Tkinter。

（2）创建 GUI 应用程序的主窗口，使用 tk = Tkinter.Tk()。

（3）添加各种组件。

（4）使用 mainloop() 方法进入主事件循环，由用户触发第一个事件响应。

下面编写最简单的 GUI 程序，示例代码如下：

```
from Tkinter import *        // 导入 Tkinter 模块
root = Tk()                  // 创建主窗口
root.mainloop()              // 进入主事件循环
```

执行后如图 7.1 所示。

图 7.1   简单的 Tkinter 程序

可以看到通过三行代码显示出了一个空白的窗口。

7.1.2　Tkinter 组件

1.　常用组件

编写 GUI 程序时需要在窗口中显示按钮、标签、文本框等组件，以便于用户操作。Tkinter 模块已经提供了一些常用的组件，如表 7-1 所示。

表 7-1　Tkinter 常用组件

组件	中文名称	描述
Canvas	画布	提供绘图功能，可以包含图形或位图，实现定制窗口组件
Button	按钮	具有鼠标掠过、按下、释放及键盘操作事件
Label	标签	显示文字或图片
Entry	文本框	单行文字域、收集键盘输入
Text	文本域	多行文字区域，收集或显示用户输入的文字
Checkbutton	多选框	一组方框，可以选择多项
Radiobutton	单选框	一组按钮，只可选择一项
Menu	菜单	点击菜单弹出一个选项列表供用户选择
Menubutton	菜单按钮	包含下拉式、层叠式组件
Listbox	列表框	一个选项列表，用户可从中选择
Scale	进度条	可设定起始值和结束值，能显示当前位置的精确值
Scrollbar	滚动条	对其支持的组件（画布、文本框、文本域、列表框）提供滚动功能
Frame	框架	包含其他组件的纯容器
Toplevel	顶级容器	类似框架，但提供一个独立的窗口容器

下面以按钮为例演示组件的使用，示例代码如下：

```
from Tkinter import *
root = Tk()
root.title('top window')              // 窗口的标题栏文字
Button(root,text = 'save').pack()      // 加入按钮 save
Button(root,text = 'cancle').pack()    // 加入按钮 cancle
root.mainloop()root.mainloop()
```

执行结果如图 7.2 所示。

使用 root.title('top window') 加入了标题栏的文字，然后加入了两个按钮。

每个组件都有自己的属性和方法，用于控制组件的外观和行为。它们有一些共有的属性，如表 7-2 所示。

图 7.2　显示按钮

表 7-2　组件的共有属性

属性	描述
Dimensions	各种长度、宽度
Colors	颜色
Fonts	字体
Anchors	定义文本的相对位置
Relief styles	组件的样式
Bitmaps	位图
Cursors	光标

控制组件在界面中显示的位置需要用到布局管理器。前面示例中的按钮调用的 pack() 方法就是将组件包装到一个父组件中，用于创建一个版面；使用 grid() 方法，它是通过二维网格组织窗口组件，创建一个类似表的版面；还有 place() 方法用于显式地将一个窗口组件放到指定的位置。

2．Canvas 组件

Canvas 组件是一个画布容器，提供了绘图的功能，可以在其中放置图形、文字、组件或帧。创建画布的语法如下：

```
canvas = Canvas(master, options = value,...)
```

参数 master 表示父窗口，options 用于设置画布的属性。

Canvas 常用的属性如表 7-3 所示。

表 7-3　Canvas 常用属性

常用属性	描述
bd	边框宽度，以像素为单位，默认为 2
bg	背景颜色
confine	默认值为 True 时，画布没有滚动条
cursor	画布中光标形状，arrow、circle 和 dot
height	高度
width	宽度

Canvas 常用的方法如表 7-4 所示。

表 7-4 Canvas 常用方法

常用方法	描述
create_arc()	创建弧线，可以是一个和弦、饼图扇区，或一个简单的弧
create_image()	创建一个图像，可以是位图图像，或照片图像类的一个实例
create_line()	创建一条直线
create_oval()	在给定的坐标绘制一个圆或椭圆
create_polygon()	绘制一个多边形，至少有三个顶点
create_rectangle()	绘制一个矩形

下面通过几个示例讲解 Canvas 的用法：

（1）在画布上绘制正方形，示例代码如下：

```
from Tkinter import *
root = Tk()
canvas = Canvas(root, width= 200, height= 100)      // 设置画布长、宽
canvas.pack()                                       // 设置布局管理器
// 绘制一个左上方顶点坐标（10，10），右下方顶点坐标（50，50）的正方形
canvas.create_rectangle(10,10,50,50)
root.mainloop()
```

执行结果如图 7.3 所示。

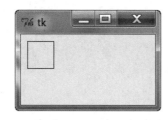

图 7.3 绘制正方形

使用的是 create_rectangle() 方法，指定左上方顶点和右下方顶点的坐标，绘制出了一个正方形。

（2）在画布上绘制背景为橙色的长方形，示例代码如下：

```
from Tkinter import *
root = Tk()
canvas = Canvas(root, width= 200, height= 100)
canvas.pack()
p1 = 10,50              // 左上顶点坐标
p2 = 100,80            // 右下顶点坐标
canvas.create_rectangle(p1,p2,fill='orange')        // 绘制橙色长方形
root.mainloop()
root.mainloop()
```

执行结果如图 7.4 所示。

图 7.4　绘制橙色长方形

本例对前例的两个坐标进行了修改，并加入了参数 fill='orange' 指定颜色，绘制了一个橙色的长方形。

通过这两个示例不难看出，在 create_rectangle() 方法中，设置顶点坐标有两种方式：

1）在方法参数中指定每个顶点的 x、y 轴坐标，参数顺序是：顶点 1 的 x 轴坐标，顶点 1 的 y 轴坐标，顶点 2 的 x 轴坐标，顶点 2 的 y 轴坐标。

2）将每个顶点坐标保存在变量中。

（3）在画布上绘制三角形，示例代码如下：

```
from Tkinter import *
root = Tk()
canvas = Canvas(root, width= 200, height= 100)
canvas.pack()
p1 = 10,50            //定义三个坐标点
p2 = 100,50
p3 = 10,100
canvas.create_polygon(p1,p2,p3,fill='yellow',outline='green')    //设置边框颜色
root.mainloop()
```

执行结果如图 7.5 所示。

图 7.5　绘制三角形

因为是三角形，所以定义了三个坐标点，使用 create_polygon() 方法进行绘制，参数 outline='green' 指定了边框是绿色。

（4）在画布上绘制多边形，示例代码如下：

```
from Tkinter import *
root = Tk()
```

```
canvas = Canvas(root, width= 200, height= 100)
canvas.pack()
p1 = 100,10
p2 = 140,30
p3 = 20,80
p4 = 40,90
canvas.create_polygon(p1,p2,p3,p4,fill='yellow',outline='blue')
root.mainloop()
```

执行结果如图 7.6 所示。

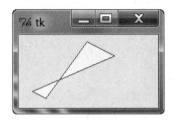

图 7.6　绘制多边形

定义了 4 个顶点坐标，使用 create_polygon() 绘制出了多边形，增加顶点就可以绘制出更多的边。

（5）在画布上显示文字，示例代码如下：

```
from Tkinter import *
root = Tk()
canvas = Canvas(root, width= 200, height= 100)
canvas.pack()
canvas.create_text(100,10,text='My first shape',font=('Courier',12))
root.mainloop()
```

执行结果如图 7.7 所示。

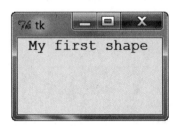

图 7.7　在画布上显示文字

使用 create_text() 方法绘制文字，参数 text='My first shape' 指定文字内容，font=('Courier',12) 指定字体和文字大小。

（6）在画布上绘制各种形状的图形，示例代码如下：

```
from Tkinter import *
root = Tk()
```

```
canvas = Canvas(root, width= 300, height= 400,bg='gray',bd=0)          // 画布背景色
canvas.pack()
coord1 = 10,10,200,80
coord2 = 10,80,200,160
coord3 = 10,160,200,240
coord4 = 10,240,200,320
coord5 = 10,320,200,400
canvas.create_arc(coord1,start=0,extent = 45 , style=ARC)              // 绘制圆弧
canvas.create_arc(coord2,start=0,extent = 90 , style=ARC)
canvas.create_arc(coord3,start=0,extent = 180 , style=ARC)
canvas.create_arc(coord4,start=0,extent = 359 , style=ARC)
canvas.create_arc(coord5,start=0,extent = 150 , fill='blue')           // 扇形
root.mainloop()
```

执行结果如图 7.8 所示。

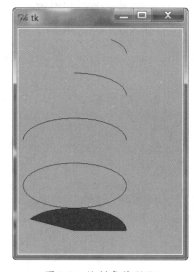

图 7.8 绘制多种形状

（7）水平方向移动三角形，示例代码如下：

```
from Tkinter import *
import time                                // 导入时间模块
root = Tk()
canvas = Canvas(root, width= 200, height= 100,bg='gray',bd=0)
canvas.pack()
p1 = 10,10
p2 = 10,60
p3 = 50,35
canvas.create_polygon(p1,p2,p3)           // 绘制三角形
for i in range(0,30):
    canvas.move(1,5,0)                    // 移动三角形
    root.update()                         // 重新绘制画布
```

```
    time.sleep(0.05)                          // 睡眠 0.05 秒
    root.mainloop()
```

执行结果如图 7.9 所示。

图 7.9　水平方向移动三角形

执行程序后，三角形由左向右移动。Canvas.move(1,5,0) 的作用是把 ID 为 1 的对象（此处表示三角形实例）从左向右水平移动 5 个像素，垂直移动 0 个像素。在 for 循环中移动图形后使用 root.update() 重新绘制画布，然后使用 time.sleep(0.05) 使程序睡眠 0.05 秒后再执行，看起来就像是三角形在移动。

7.1.3　事件

1. 事件介绍

前面我们已经可以把组件显示在窗口中，再结合上事件（Event）处理就可以完成需要的功能。所谓事件是对象对外部动作的响应，如手机铃声响了、有人敲门了是真实世界的事件。而在计算机软件范畴中，事件是由系统事先设定的、能被对象识别和响应的动作，是 GUI 应用程序的组成部分。如用户敲击键盘上的某个键或点击移动鼠标等。

事件是对象发送的消息，发信号通知操作的发生。引发事件的对象称为事件发送方，而捕获事件并作出响应的对象称为事件接收方。事件发生后，需要对其作出反应和处理，事件处理方会根据事件信息对事件进行处理。例如在用户敲击键盘上的某个键或点击移动鼠标后，系统会执行相应的操作，比如打开窗口，保存文件等等。基本上所有的 GUI 应用程序都是事件驱动的方式。

在 GUI 程序中，每个组件都是一个对象。而组件是由属性、方法、事件组成的。属性容纳程序里要用到的数据，方法是执行的操作，事件是一种信息通知。不同的组件对象具有不同的事件，当事件发生时，会调用某个对应的方法处理该事件。

为程序建立一个处理某个事件的处理方法，这种方法称为绑定。在 Python 中绑定分为三个级别，实例绑定、类绑定和程序界面绑定。

（1）实例绑定是将事件与一个特定组件实例绑定，语法是：

```
组件实例 .bind( 事件描述符 , 事件处理方法 )
```

例如，按下鼠标左键与 Canvas 对象绑定画一条线：

```
canvas.bind("<Button-1>", drawline)
```

（2）类绑定：将事件与一个组件类绑定，语法是：

组件实例 .bind_class(组件类 , 事件描述符 , 事件处理方法)

如：绑定按钮类，所有按钮对象可处理鼠标左键操作事件：

```
widget.bind_class("Canvas","<Button-1>",drawline)
```

（3）程序界面绑定：当界面上任何组件实例触发某个事件，程序都作出相应的处理，语法是：

Widget.bind_all(事件描述符 , 事件处理方法)

如：将 PrintScreen 键与程序中所有组件对象绑定：

```
widget.bind_all("<Key-Print>,printScreen")
```

2. 事件队列

事件队列是包含一个或多个事件类型的字符串，每个事件类型指定一项事件，当有多项事件类型包含于事件队列中，当且仅当描述符中全部事件发生时才调用处理方法。事件类型的通用格式是 <[modifier]...type[-detail]>，事件类型必须放置于尖括号"<>"内，modifier 用于组合键定义，如 Control、Alt 等。type 描述了通用类型，detail 用于明确定义是哪一个键或按钮的事件。事件队列的定义如下：<KeyPress-A> 表示按下键盘上 A 键，<Button-1> 表示按下鼠标左键。

3. 事件类型

事件类型有键盘事件、鼠标事件和窗体事件，常用键盘事件如表 7-5 所示。

表 7-5　常用键盘事件

键盘事件名称	描述
KeyPress	按下键盘某键时触发，可以在 detail 部分指定是哪个键
KeyRelease	释放键盘某键时触发，可以在 detail 部分指定是哪个键

常用的鼠标事件如表 7-6 所示。

表 7-6　常用鼠标事件

鼠标事件名称	描述
ButtonPress	按下鼠标某键，可以在 detail 部分指定是哪个键
ButtonRelease	释放鼠标某键，可以在 detail 部分指定是哪个键
Motion	点中组件并拖拽组件移动时触发
Enter	当鼠标指针移进某组件时触发
Leave	当鼠标指针移出某组件时触发
MouseWheel	当鼠标滚轮滚动时触发

常用的窗体事件如表 7-7 所示。

表 7-7　常用窗体事件

窗体事件名称	描述
Visibility	当组件变为可视状态时触发
Unmap	当组件由显示状态变为隐藏状态时触发
Map	当组件由隐藏状态变为显示状态时触发
Expose	当组件从原本被其他组件遮盖的状态中暴露出来时触发
FocusIn	组件获得焦点时触发
FocusOut	组件推动焦点时触发
Activate	与组件选项中 state 项有关，表示组件由不可用转为可用
Deactivate	与组件选项中 state 项有关，表示组件由可用转为不可用

当需要使用组合键表示事件发生时，需要使用事件前缀，常用的事件前缀如表 7-8 所示。

表 7-8　常用的事件前缀

事件前缀名称	描述
Alt	按下 Alt 键时
Any	按下任何键时
Control	按下 Control 键时
Double	两个事件在短时间内发生时
Lock	按下 CapsLock 键时
Shift	按下 Shift 键时
Triple	类似于 Double，三个事件在短时间内发生

还可以使用短格式表示事件，如 <1> 等同于 <Button-1>、<x> 等同于 <KeyPress-x>。下面看 2 个示例，熟悉事件的使用方式。

（1）按下键盘的 Return 键水平移动三角形，示例代码如下：

```
from Tkinter import *
root = Tk()
canvas = Canvas(root, width= 400, height= 500)
canvas.pack()
canvas.create_polygon(10,10,10,60,50,35)
def movetriangle(event):                          // 移动三角形方法
    canvas.move(1,5,0)
canvas.bind_all('<KeyPress-Return>',movetriangle)  // 绑定事件
root.mainloop()
```

显示出三角形后，使用 canvas.bind_all('<KeyPress-Return>',movetriangle) 绑定事件，('<KeyPress-Return>',movetriangle) 表示按下回车键后，然后调用自定义的 movetriangle 方法，在 movetriangle 方法中使用 canvas.move(1,5,0) 使三角形移动了 5 个像素。所以当点击回车键后，可以看到三角形移动的效果。

（2）使用键盘的上下左右键移动三角形，示例代码如下：

```
from Tkinter import *
root = Tk()
canvas = Canvas(root, width= 400, height= 500)
canvas.pack()
canvas.create_polygon(10,10,10,60,50,35)
def movetriangle(event):              //event 包含事件的相关数据，keysym 表示键
    if event.keysym == 'Up':          // 判断是上键
        canvas.move(1,0,-3)
    elif event.keysym == 'Down':       // 判断是下键
        canvas.move(1,0,3)
    elif event.keysym == 'Left':       // 判断是左键
        canvas.move(1,-3,0)
    else:
        canvas.move(1,3,0)
canvas.bind_all('<KeyPress-Up>',movetriangle)        // 绑定上键
canvas.bind_all('<KeyPress-Down>',movetriangle)      // 绑定下键
canvas.bind_all('<KeyPress-Left>',movetriangle)      // 绑定左键
canvas.bind_all('<KeyPress-Right>',movetriangle)     // 绑定右键
root.mainloop()
```

与上一示例不同的是，使用到了 event.keysym，event 包含发生事件的相关数据，keysym(key symbol) 是 event 对象中包含的变量，是一个字符串，包含了实际按键的值，如：Up、Down 等。在此示例中上下左右键功能相似，只使用了一个方法对它们进行处理，所以先对按键值进行判断，然后使用 canvas.move() 移动。使用 canvas.bind_all() 对上下左右键都绑定到了 movetriangle() 方法。执行程序后，按上下左右键三角形可以往对应的方向移动。

7.1.4 图形的 ID

1. 使用 ID 控制动画

在做事件处理时，需要根据图形 ID 实现对指定图形的动画操作，前面示例的 canvas.move(1,0,-3) 的第一个参数 1 就是三角形的 ID。因为画面上只有一个三角形，没有其他的图形，所以它的 ID 是 1，当有多个图形时，就不能这样使用了。当画布以 create_ 开头绘制图形的方法时，会返回一个 ID，通过图形 ID 可以对指定的图形执行相关操作，所以每一个图形的 ID 是不同的。

下面演示使用 ID 控制指定的三角形完成移动操作，示例代码如下：

```
from Tkinter import *
root = Tk()
canvas = Canvas(root, width= 400, height= 500)
canvas.pack()
id = canvas.create_polygon(10,10,10,60,50,35)        //create_ 方法返回图形的 id
def movetriangle(event):
    if event.keysym == 'Up':
        canvas.move(id,0,-3)                         // 使用 id 移动图形
    elif event.keysym == 'Down':
        canvas.move(id,0,3)
    elif event.keysym == 'Left':
        canvas.move(id,-3,0)
    else:
        canvas.move(id,3,0)
canvas.bind_all('<KeyPress-Up>',movetriangle)
canvas.bind_all('<KeyPress-Down>',movetriangle)
canvas.bind_all('<KeyPress-Left>',movetriangle)
canvas.bind_all('<KeyPress-Right>',movetriangle)
root.mainloop()
```

使用 id = canvas.create_polygon(10,10,10,60,50,35) 得到了图形的 ID，移动图形时使用 canvas.move(id,0,-3) 就可以对三角形进行操作了。对图形的操作基本都是这样，首先将 ID 值保存在变量中，然后在作后续的动画时利用 ID 控制相应的操作对象。

2．itemconfig() 方法

使用 itemconfig() 方法可以改变画布上形状的某些属性，示例代码如下：

```
from Tkinter import *
root = Tk()
canvas = Canvas(root, width= 200, height= 150)
canvas.pack()
id1 = canvas.create_polygon(10,10,10,60,50,35,fill='red')      // 图形 ID1
id2 = canvas.create_rectangle(10,60,70,120,fill='grey')        // 图形 ID2
def changecolor(event):                                        // 改变颜色方法
    if event.keysym == 'g' or event.keysym == 'G':
        canvas.itemconfig(id1,fill='green')                    // 变为绿色
        canvas.itemconfig(id2,fill='green')
    elif event.keysym == 'b' or event.keysym == 'B':
        canvas.itemconfig(id1,fill='blue')                     // 变为蓝色
        canvas.itemconfig(id2,fill='blue')
canvas.bind_all('<Key-g>',changecolor)
canvas.bind_all('<KeyPress-b>',changecolor)
canvas.bind_all('<Key-G>',changecolor)
canvas.bind_all('<KeyPress-B>',changecolor)
root.mainloop()
```

执行结果如图 7.10 至图 7.12 所示。

图 7.10 初始图形

图 7.11 按 b 或 B 键

图 7.12 按 g 或 G 键

id1 和 id2 是三角形和正方形的 id 值，在 changecolor(event) 方法中使用 canvas. itemconfig(id1,fill='green') 改变它的颜色参数。canvas.bind_all 绑定到方法 changecolor，当输入是 g 或 G 时，变为绿色；当输入是 b 或 B 时，变为蓝色。

本例还使用了 <Key-g> 的形式，它是 <KeyPress-g> 的简写形式，一般只用于可打印字符，空格和小于符号不包含在内。但并不推荐使用这种简写形式，它会使代码的可阅读性变差。

7.2 Python 游戏开发

7.2.1 弹球游戏

1. 游戏规则

如图 7.13 所示，弹球游戏规则如下。

（1）由反弹球和球拍构成的游戏。

（2）屏幕上小球飞出，玩家使用球拍把它弹回去。

（3）如果球落到了屏幕底部，游戏就结束。

图 7.13 弹球游戏

2．游戏开发分析

（1）对象：弹球和球拍。

（2）实现步骤：

1）创建游戏的画布；

2）定义弹球类，并绘制弹球；

3）把弹球做成动画效果；

4）定义球拍类，并绘制球拍；

5）把球拍做成动画效果；

6）检测弹球是否击中球拍或墙壁；

7）增加输赢因素。

具体实现步骤及代码演示请上课工场 APP 或官网 kgc.cn 观看视频。

7.2.2　兔小弟保卫战

1．需求描述

如图 7.14 至图 7.16 所示，该游戏需求如下：

1）窗口右上角倒计时显示剩余的时长，总用时 1 分 30 秒。

2）共有 4 个城堡，在窗体的左侧自上而下垂直放置。

3）窗口左上角是城堡的生命值，有两部分组成：绿色是当前生命值，红色是已失去的生命值。

4）开始时，兔小弟持弓箭，镇守在最顶端的城堡附近。

5）按下 A、D 键，兔小弟向左、右移动。

6）按下 W、S 键，兔小弟向上、下移动。

7）每只獾依次出现在右侧随机位置，从右向左冲向城堡。

8）通过鼠标操作，控制兔小弟用弓箭射杀冲向城堡的獾。

9）一旦獾触碰到任一城堡，兔小弟的生命值都将减少。

10）当兔小弟生命值为 0 或游戏剩余时长等于 0 时，游戏结束。

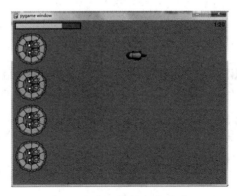

图 7.14　兔小弟保卫战（1）

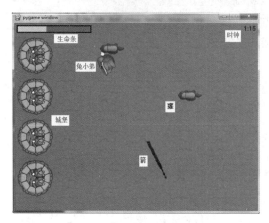

图 7.15　兔小弟保卫战（2）

图 7.16　兔小弟保卫战（3）

2. 游戏开发分析

1）Pygame 模块

是一组用来开发游戏软件的程序模块，可以创建功能丰富的游戏和多媒体程序，包含图像、声音等。Pygame 是一个开源软件，作者是 Pete Shinners，具有高可移植性，可以支持多个操作系统。安装包下载地址 http://www.pygame.org。

2）实现步骤

实现步骤如图 7.17 所示。

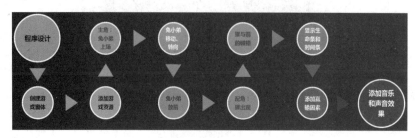

图 7.17　实现步骤

具体实现步骤及代码演示请上课工场 APP 或官网 kgc.cn 观看视频。

本章总结

- Tkinter 是 Python 内置的 GUI 开发工具包，它提供了一个快速和容易的方法来创建 GUI 应用程序，可以方便地进行图形界面设计和交互操作编程。
- Canvas 组件是一个画布容器，提供了绘图的功能，可以在其中放置图形、文字、组件或帧。
- 事件队列是包含一个或多个事件类型的字符串，每个事件类型指定一项事件，当有多项事件类型包含于事件队列中，当且仅当描述符中全部事件发生时才调用处理方法。
- 事件类型有键盘事件、鼠标事件和窗体事件。
- 当画布以 create_ 开头绘制图形的方法会返回一个 ID，通过图形 ID 可以对指定的图形执行相关操作。
- 使用 itemconfig() 方法可以改变画布上图形的某些属性。
- 使用 Python 开发弹球游戏和兔小弟保卫战游戏。

本章作业

用课工场 APP 扫一扫，完成在线测试，快来挑战吧！

随手笔记

## 第8章

Python 操作数据库

技能目标

- 掌握 Python 操作 MySQL
- 掌握 Python 操作 Redis

本章导读

本章将讲解 Python 对 MySQL 数据库的相关操作和对 Redis 缓存的操作。

知识服务

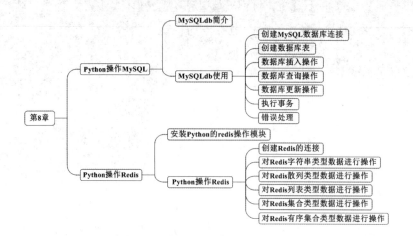

8.1   Python 操作 MySQL

Python 可以操作很多种数据库如 MySQL，Oracle 等，对于不同的数据库需要使用不同的数据库操作模块。Python 本身提供了标准的数据库操作接口 DB-API，DB-API 是一套规范，定义了数据库访问所需要的对象和数据存取方式，使对不同数据库的访问能够提供一致的访问接口，以便于程序员编写程序。

8.1.1   MySQLdb 简介

1. DB-API 使用流程

Python 的 DB-API，实现了多种数据库的接口，当使用它连接各种数据库后，可以用相同的方式操作各种数据库，使用流程如下所示：

（1）首先需要导入 DB-API 模块。

（2）获取数据库的连接。

（3）执行 SQL 语句和存储过程。

（4）关闭数据库连接。

2. MySQLdb 简介

MySQLdb 是用于 Python 访问 MySQL 数据库的接口模块，实现了 Python 数据库 API 规范 V2.0，基于 MySQL C API 上建立的。

3. 安装 MySQLdb

使用 DB-API 编写 MySQL 操作程序，首先要安装 MySQL 数据库。编写以下代码，并执行。

```
#!/usr/bin/python
import MySQLdb
```

如果执行后的输出结果如下所示，说明没有安装 MySQLdb 模块。

```
Traceback (most recent call last):
  File "test.py", line 3, in <module>
    import MySQLdb
ImportError: No module named MySQLdb
```

如果需要安装 MySQLdb，请访问网址 http://sourceforge.net/projects/mysql-python，在这里可选择不同操作系统的安装包，分为预编译的二进制文件和源代码安装包。

如果选择二进制文件发行版本，安装过程按提示即可。如果从源代码进行安装，则需要切换到 MySQLdb 发行版本的目录，并键入下列命令：

```
gunzip MySQL-python-1.2.2.tar.gz
tar -xvf MySQL-python-1.2.2.tar
cd MySQL-python-1.2.2
python setup.py build
python setup.py install
```

8.1.2　MySQLdb 使用

1．创建 MySQL 数据库连接

连接数据库前，请先确认以下事项：

（1）已经创建了数据库 db1。

（2）在 db1 数据库中创建了表 student。

（3）student 表字段为 firstname、lastname、age。

（4）连接数据库 db1 使用的用户名为 testuser，密码为 test123，也可以自己设定或者直接使用 root 用户名及其密码。

（5）已经安装了 Python MySQLdb 模块。

连接 MySQL 的 db1 数据库，示例代码如下：

```python
#!/usr/bin/python
import MySQLdb
# 打开数据库连接
db = MySQLdb.connect("localhost","testuser","test123","db1" )
# 使用 cursor() 方法获取操作游标
cursor = db.cursor()

# 使用 execute 方法执行 SQL 语句
cursor.execute("SELECT VERSION()")

# 使用 fetchone() 方法获取一条数据
data = cursor.fetchone()

print "Database version : %s " % data
```

```
# 关闭数据库连接
db.close()
```

执行以上代码的输出结果如下：

```
Database version : 5.0.45
```

2. 创建数据库表

如果数据库连接存在，我们可以使用 execute() 方法来为数据库创建表，如下所示创建表 student。

```
#!/usr/bin/python

import MySQLdb

# 打开数据库连接
db = MySQLdb.connect("localhost","testuser","test123","db1" )

# 使用 cursor() 方法获取操作游标
cursor = db.cursor()

# 如果数据表已经存在使用 execute() 方法删除表。
cursor.execute("DROP TABLE IF EXISTS student")

# 创建数据表 SQL 语句
sql = """CREATE TABLE student (
        firstname  CHAR(20) NOT NULL,
        lastname  CHAR(20),
        age INT )"""

cursor.execute(sql)

# 关闭数据库连接
db.close()
```

3. 数据库插入操作

执行 INSERT 语句向表 student 插入记录，示例代码如下：

```
#!/usr/bin/python

import MySQLdb

# 打开数据库连接
db = MySQLdb.connect("localhost","testuser","test123","db1" )

# 使用 cursor() 方法获取操作游标
cursor = db.cursor()

# SQL 插入语句
sql = """INSERT INTO student(firstname,
```

```
            lastname, age)
            VALUES ('Michael' , 'Jordan', 20)"""
try:
  # 执行 sql 语句
  cursor.execute(sql)
  # 提交到数据库执行
  db.commit()
except:
  # 发生错误时回滚
  db.rollback()

# 关闭数据库连接
db.close()
```

使用变量向 SQL 语句中传递参数，示例代码如下：

```
firstname = 'Michael'
lastname = 'Jordan'

con.execute('insert into student values("%s", "%s")' % \
        (firstname, lastname))
```

4．数据库查询操作

查询一条数据需要使用 fetchone() 方法，查询多条数据需要使用 fetchall() 方法。

fetchone()：获取下一个查询结果集，结果集是一个对象。

fetchall()：获取全部的返回结果行。

rowcount：是一个只读属性，并返回执行 execute() 方法后影响的行数。

查询 student 表中 age 字段大于 15 的所有数据，示例代码如下：

```
#!/usr/bin/python

import MySQLdb

# 打开数据库连接
db = MySQLdb.connect("localhost","testuser","test123","db1" )

# 使用 cursor() 方法获取操作游标
cursor = db.cursor()

# SQL 查询语句
sql = "SELECT * FROM student  WHERE age > '%d'" % (15)
try:
  # 执行 SQL 语句
  cursor.execute(sql)
  # 获取所有记录列表
  results = cursor.fetchall()
  for row in results:
    firstname = row[0]
    lastname = row[1]
```

```
    age = row[2]
    # 打印结果
    print " firstname  =%s, lastname  =%s,age=%d," (firstname, lastname, age )
except:
  print "Error: unable to fecth data"

# 关闭数据库连接
db.close()
```

以上脚本执行结果如下：

```
firstname= Michael, lastname=Jordan, age=20
```

5. 数据库更新操作

将 student 表中的 age 字段全部递增 1，示例代码如下：

```
#!/usr/bin/python

import MySQLdb

# 打开数据库连接
db = MySQLdb.connect("localhost","testuser","test123","db1" )

# 使用 cursor() 方法获取操作游标
cursor = db.cursor()

# SQL 更新语句
sql = "UPDATE student SET age = age + 1
try:
  # 执行 SQL 语句
  cursor.execute(sql)
  # 提交到数据库执行
  db.commit()
except:
  # 发生错误时回滚
  db.rollback()

# 关闭数据库连接
db.close()
```

6. 数据库游标的使用

游标 Cursor 是 Python 执行数据库操作的对象，前面已经介绍了游标的一些常用方法，现在对游标的常用方法和属性进行总结，如表 8-1 所示。

7. 执行事务

事务机制可以确保数据一致性。

事务应该具有 4 个属性：原子性、一致性、隔离性、持久性。这四个属性通常称为 ACID 特性。

表 8-1　游标常用的方法和属性

方法 / 属性	作用
execute(query[,parameters])	执行查询
executemany(query[,paramseq])	多次执行查询命令，查询变量存储在 paramseq 序列中
callproc(procname[,parameters])	执行存储过程，parameters 为参数
fetchone()	返回查询数据库后得到的下一行结果集
fetchall()	返回全部剩余的查询结果行的序列
fetchmany([size])	返回查询结果行的序列，size 表示行数
nextset()	跳到下一结果集
rowcount	返回查询结果的行数，-1 表示没有结果集
arraysize	为 fetchmany 提供默认整数值，指定结果集行数
description	返回结果集的列名信息

原子性（atomicity）：一个事务是一个不可分割的工作单位，事务中包括的操作要么都做，要么都不做。

一致性（consistency）：事务必须使数据库从一个一致性状态变到另一个一致性状态。一致性与原子性是密切相关的。

隔离性（isolation）：一个事务的执行不能被其他事务干扰。即一个事务内部的操作及使用的数据对并发的其他事务来说是隔离的，并发执行的各个事务之间不能互相干扰。

持久性（durability）：持续性也称永久性（permanence），指一个事务一旦提交，它对数据库中数据的改变就应该是永久性的。接下来的其他操作或故障不应该对其有任何影响。

Python DB API 2.0 的事务提供了两个方法 commit 或 rollback，示例代码如下所示：

```
# SQL 删除记录语句
sql = "DELETE FROM student WHERE age > '%d'" % (15)
try:
  # 执行 SQL 语句
  cursor.execute(sql)
  # 向数据库提交
  db.commit()
except:
  # 发生错误时回滚
  db.rollback()
```

对于支持事务的数据库，当使用 Python 操作数据库时，在游标创建后，就自动开始了一个隐形的数据库事务。

commit() 方法的作用是当前游标的所有更新操作都被提交到数据库执行，rollback() 方法的作用是回滚当前游标的所有操作。这两个方法执行后都将开启新的事务。

8. 错误处理

DB API 中除了数据库的操作方法，还定义了一些数据库操作中可能发生的错误和异常，这些错误和异常如表 8-2 所示。

表 8-2　错误异常

异常	描述
Warning	当有严重警告时触发，例如插入数据是被截断等等 必须是 StandardError 的子类
Error	警告以外所有其他错误类。必须是 StandardError 的子类
InterfaceError	当有数据库接口模块本身的错误（而不是数据库的错误）发生时触发。 必须是 Error 的子类
DatabaseError	和数据库有关的错误发生时触发。必须是 Error 的子类
DataError	当有数据处理中的错误发生时触发，例如：除零错误，数据超范围等等。 必须是 DatabaseError 的子类
OperationalError	指非用户控制的，而是操作数据库时发生的错误。例如：连接意外断开、数据库名未找到、事务处理失败、内存分配错误等等操作数据库时发生的错误。 必须是 DatabaseError 的子类
IntegrityError	完整性相关的错误，例如外键检查失败等。必须是 DatabaseError 子类
InternalError	数据库的内部错误，例如游标（cursor）失效了、事务同步失败等等。必须是 DatabaseError 子类
ProgrammingError	程序错误，例如数据表（table）没找到或已存在、SQL 语句语法错误、参数数量错误等等。必须是 DatabaseError 的子类
NotSupportedError	不支持错误，指使用了数据库不支持的函数或 API 等。例如在连接对象上使用 .rollback() 函数，然而数据库并不支持事务或者事务已关闭。必须是 DatabaseError 的子类

8.2　Python 操作 Redis

Redis 是目前非常流行的缓存工具，本章将介绍 Python 对 Redis 的操作。

1. 安装 Python 的 Redis 操作模块

Python 无法直接对 Redis 进行操作，需要安装 Python 的 Redis 操作模块。

（1）首先安装 ez_setup.py 脚本，它是 python 官方出品的一个小工具，可以协助用户方便地安装第三方的模块。下载 ez_setup.py 脚本，路径是 http://peak.telecommunity.com/dist/ez_setup.py。然后在 Windows 的命令行运行。

```
C:\Users\Administrator> C:\Python27\python.exe  D:\ez_setup.py
Downloading http://pypi.python.org/packages/2.7/s/setuptools/setuptools-0.6c11-p
y2.7.egg
Processing setuptools-0.6c11-py2.7.egg
```

```
Copying setuptools-0.6c11-py2.7.egg to c:\python27\lib\site-packages
Adding setuptools 0.6c11 to easy-install.pth file
Installing easy_install-script.py script to C:\Python27\Scripts
Installing easy_install.exe script to C:\Python27\Scripts
Installing easy_install.exe.manifest script to C:\Python27\Scripts
Installing easy_install-2.7-script.py script to C:\Python27\Scripts
Installing easy_install-2.7.exe script to C:\Python27\Scripts
Installing easy_install-2.7.exe.manifest script to C:\Python27\Scripts
Installed c:\python27\lib\site-packages\setuptools-0.6c11-py2.7.egg
Processing dependencies for setuptools==0.6c11
Finished processing dependencies for setuptools==0.6c11
```

（2）安装 pip，通过 https://pypi.python.org/pypi/pip/ 页面下载 pip 安装包，解压到指定的目录下，然后执行如下命令进行安装。

```
d:\pip-1.3.1>C:\Python27\python.exe setup.py  install
```

（3）通过 pip 安装 Redis，执行如下命令进行安装。

```
C:\Users\Administrator> C:\Python27\Scripts\pip.exe install  redis
Downloading/unpacking redis
  Downloading redis-2.7.6.tar.gz (76kB): 76kB downloaded
  Running setup.py egg_info for package redis
Installing collected packages: redis
  Running setup.py install for redis
Successfully installed redis
Cleaning up...
```

现在 Python 的 Redis 操作模块安装成功。

2. Python 操作 Redis

（1）想要对 Redis 进行操作，需要建立和 Redis 的连接，连接语句如下：

```
import redis
r=redis.Redis(host='192.168.85.135',port=6379,db=10,password=123)
```

首先导入了 redis 模块，然后用 redis.Redis 函数进行连接，指定 redis 的主机 IP 地址、端口、数据库名称、访问密码，和连接数据库的方式基本相同。

（2）演示对 Redis 字符串类型数据进行操作。Redis 的命令在 Python 中，都会有对应的函数存在，使用起来非常容易。比如 Redis 中对字符串使用 set 赋值、get 取值，对应的方法就是 set()、get() 方法。

```
import redis
r=redis.Redis(host='192.168.85.135',port=6379,db=10,password=123)
r.set('key1','value1')
print 'key1=',r.get('key1')
// 输出的结果
>>>
key1= value1
```

使用函数 r.set('key1','value1')，键是 'key1'，它的值是 'value1'，然后使用 r.get('key1')，取出它的值 'value1'，输出的结果说明操作是成功的，也可以在 Redis 中直接使用命令进行验证。

Redis 同时获得和设置多个键值的命令是 mget 和 mset，同样有相同的函数对应。

```
r.mset({'key2':'value2','key3':'value3'})
print r.mget('key2','key3')
// 输出的结果
>>>
['value2', 'value3']
```

使用函数 mset() 同时给键 'key2'、'key3' 赋值，然后用函数 mget() 得到它们对应的值，输出的结果说明操作是成功的。

查看 Redis 中存在的键可以使用 keys() 函数，键是否存在的函数是 exists()，删除键的函数是 delete()，下面作一个综合演示的例子。

```
print r.keys()
if r.exists('key2'):
    r.delete('key2')
print r.keys()
// 输出的结果
>>>
['"key2', 'key3', 'key1']
['"key3' , 'key1']
```

首先使用 keys() 输出了所有存在的键，然后判断键 'key2' 是否存在，存在则删除它，最后的输出结果中已经没有了键 'key2'。

（3）演示对 Redis 散列类型数据进行操作。Redis 对散列的赋值和取值命令是 hset 和 hget，对应的操作函数是 hset() 和 hset()。

```
r.hset('car:1','name','BMW')
r.hset('car:1','color','yellow')
r.hset('car:1','price','100')
print ' 品牌： ',r.hget('car:1','name')
print ' 颜色： ',r.hget('car:1','color')
print ' 价格： ',r.hget('car:1','price')
// 输出的结果
>>>
品牌：BMW
颜色：yellow
价格：100
```

函数 hset() 第一个参数是键名，第二个参数是字段名，第三个参数是对应的值，函数 hget() 通过键名和字段名可以取得对应的值。

函数 hmset()、hmget() 可以同时设置读取多个字段的值，函数 hgetall() 可以获取所有的字段和字段值。

```
r.hmset('car:2',{'name':'Nisson','color':'red','price':'10'})
print r.hmget('car:2','name','color','price')
print r.hgetall('car:2')
// 输出的结果
>>>
['Nisson', 'red', '10']
{'color': 'red', 'price': '10', 'name': 'Nisson'}
```

判断字段是否存在使用函数 hexists()，删除字段使用函数 hdel()，下面演示一个综合使用的例子。

```
r.hmset('car:3',{'name':'Honda','color':'black','price':'20'})
if r.hexists('car:3','color'):
    r.hdel('car:3','color')
    r.hset('car:3','color1','green')
print r.hgetall('car:3')
// 输出的结果
>>>
{'color1': 'green', 'price': '20', 'name': 'Honda'}
```

首先保存一个散列数据 'car:3'，然后判断它的 'color' 字段是否存在，如果存在，删除 'collor' 字段，加入新的字段 'color1'。输出的结果中没有最初定义的 'color' 字段，而有新加入的 'color1' 字段。

（4）演示对 Redis 列表类型数据进行操作。函数 lpush() 向列表的左边增加元素，rpush() 向列表的右边增加元素，lrange() 能够获得列表中的某一片段。

```
r.lpush('numbers','a','b','c')
print r.lrange('numbers',0,-1)
r.rpush('numbers','d','e','f')
print r.lrange('numbers',0,-1)
// 输出的结果
>>>
['c', 'b', 'a']
['c', 'b', 'a', 'd', 'e', 'f']
```

函数 lpush() 是将元素依次加到左边，所以后加入的元素在左边，加入时的顺序是 'abc'，列表的顺序是 'cba'。函数 rpush() 是将元素依次加到右边，所以加入时顺序是 'def'，结果顺序还是 'def'。函数 lrange() 第一个参数是列表名；第二个参数是将要获取的元素的索引值，从左边开始，0 表示第一个元素的索引值；第三个参数是结束位置的索引值，如果是 -1，则表示最末尾的索引值，上面示例是获得列表的所有数据。

函数 lpop() 可以从列表左边弹出一个元素，函数 rpop() 可以从列表右边弹出一个元素。它们都是分两步进行操作，第一步在列表中移除元素，第二步返回元素值。

```
print r.lpop('numbers')
print r.lrange('numbers',0,-1)
print r.rpop('numbers')
```

```
print r.lrange('numbers',0,-1)
// 输出的结果
>>>
c
['b', 'a', 'd', 'e', 'f']
f
['b', 'a', 'd', 'e']
```

函数 lindex() 可以返回指定索引位置的元素值，索引从 0 开始。如果索引是负数，就表示从右边开始计算索引。

```
print r.lrange('numbers',0,-1)
print r.lindex('numbers',2)
print r.lindex('numbers',-1)
// 输出的结果
>>>
['b', 'a', 'd', 'e']
d
e
```

（5）演示对 redis 集合类型数据进行的操作。函数 sadd() 可以向集合中增加一个或多个元素，函数 smembers() 可以获得集合中的所有元素。

```
r.sadd('letters','a','b','c')
print r.smembers('letters')
// 输出的结果
>>>
set(['a', 'c', 'b'])
```

集合类型没有顺序，所以显示的数据和加入时的顺序并不相同。

函数 srem() 可以从命令中删除一个或多个元素，函数 sismember() 可以判断元素是否在集合中，下面演示一个综合的例子。

```
r.delete('letters')
r.sadd('letters','a','b','c')
print r.smembers('letters')
if r.sismember('letters','b'):
    r.srem('letters','b')
print r.smembers('letters')
// 输出的结果
>>>
set(['a', 'c', 'b'])
set(['a', 'c'])
```

可以看到，集合中如果存在 'b' 这个元素值，把它删除。

（6）演示对 Redis 有序集合类型数据进行的操作。函数 zadd() 可以向有序集合中加入一个或多个元素，函数 zscore() 可以获得指定元素的值，函数 zrange() 可以获得某个范围的元素列表。

```
r.zadd('scoreboard','Jack',85,'Tom',65,'Mike',100)
print r.zscore('scoreboard','Tom')
print r.zrange('scoreboard',0,-1,withscores=True)
// 输出的结果
>>>
65.0
[('Tom', 65.0), ('Jack', 85.0), ('Mike', 100.0)]
```

很明显，函数 zrange() 对数值做了排序，由小到大输出，其中参数 withscores=True 表示显示对应的分数，否则只显示排序的元素。

本章总结

- MySQLdb 是用于 Python 连接 MySQL 数据库的接口，可以实现对 MySQL 的各种操作。
- 使用命令 pip.exe install redis 安装 Redis 操作模块，实现对 Redis 的各种操作。

本章作业

1．某公司要搞限时促销活动，需要为 APP 应用生成 100 个激活码，将生成的激活码保存到 MySQL 数据库中。

2．将上述生成的激活码保存到 Redis 数据库中。

随手笔记

第9章

Python 正则表达式

技能目标

- 掌握 Python 正则表达式 re 模块

本章导读

　　字符串是编写程序时用到最多的一种数据结构，对字符串进行处理也是经常需要做的工作。比如判断字符串是否是合法的 Email 地址、电话号码、身份证号等，虽然可以使用字符串的处理方法进行判断，但编写起来非常麻烦，也不利于代码的复用。正则表达式是一种用来匹配字符串的非常方便的工具，它的设计思想是用一种描述性的语言来给字符串定义一个规则。凡是符合规则的字符串，就认为它"匹配"了；否则，该字符串就是不合法的。

知识服务

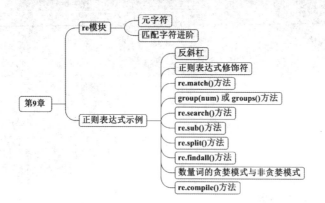

9.1　re 模块

正则表达式并不是 Python 的一部分，在大部分编程语言中都有对其调用的方法，以协助程序员快速地完成字符串的匹配功能。它是用于处理字符串的强大工具，拥有自己独特的语法以及一个独立的处理引擎。在提供了正则表达式的语言里，正则表达式的语法都是一样的，只是不同的编程语言实现支持的语法数量不同，而不被支持的语法通常是不常用的部分。如果能够在 Python 中熟悉掌握正则表达式，那么在学习了其他语言后，也可以正确地使用正则表达式。

如图 9.1 所示展示了使用正则表达式进行匹配的流程。

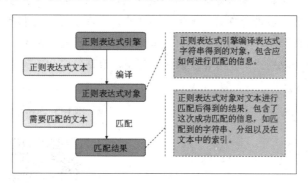

图 9.1　正则表达式匹配流程

从图中看到了使用正则表达式完成匹配的步骤如下所示：

（1）依次拿出表达式和文本中的字符比较。

（2）如果每一个字符都能匹配，则匹配成功。

（3）如果有匹配不成功的字符则匹配失败。

1. 元字符

（1）正则表达式是使用字符串表示的，需要了解如何用字符来描述字符串。在正则表达式中，如果直接给出了字符，就是精确匹配。如表 9-1 和表 9-2 列出了 Python 支持的正则表达式元字符和语法。

表 9-1　元字符

元字符	描述
字符	
.	匹配除 "\r\n" 之外的任何单个字符。要匹配包括 "\r\n" 在内的任何字符，请使用像 "[\s\S]" 的模式
\	转义字符。例如，"\\n" 匹配 \n。"\n" 匹配换行符。序列 "\\" 匹配 "\" 而 "\(" 则匹配 "("
[xyz]	字符集合。匹配所包含的任意一个字符。例如，"[abc]" 可以匹配 "plain" 中的 "a"
[^xyz]	负值字符集合。匹配未包含的任意字符。例如，"[^abc]" 可以匹配 "plain" 中的 "plin"
[a-z]	字符范围。匹配指定范围内的任意字符。例如，"[a-z]" 可以匹配 "a" 到 "z" 范围内的任意小写字母字符 注意：只有连字符在字符组内部，并且出现在两个字符之间时，才能表示字符的范围；如果出现在字符组的开头，则只能表示连字符本身
[^a-z]	负值字符范围。匹配任何不在指定范围内的任意字符。例如，"[^a-z]" 可以匹配不在 "a" 到 "z" 范围内的任意字符
预定义字符集（可以写在字符集 [⋯] 中）	
\d	匹配一个数字字符。等价于 [0-9]。例如 "a\dc" 可以匹配 "a2c"
\D	匹配一个非数字字符。等价于 [^0-9]。例如 "a\dc" 可以匹配 "abc"
\s	匹配任何不可见字符，包括空格、制表符、换页符等等。等价于 [\f\n\r\t\v]
\S	匹配任何可见字符。等价于 [^ \f\n\r\t\v]
\w	匹配包括下划线的任何单词字符。类似但不等价于 "[A-Za-z0-9_]"，这里的单词字符使用 Unicode 字符集
\W	匹配任何非单词字符。等价于 [^A-Za-z0-9_]
数量词（用在字符或（⋯）之后）	
*	匹配前面的子表达式任意次。例如，zo* 能匹配 "z"，也能匹配 "zo" 以及 "zoo"
+	匹配前面的子表达式一次或多次 (大于等于 1 次)。例如，"zo+" 能匹配 "zo" 以及 "zoo"，但不能匹配 "z"。+ 等价于 {1,}
?	匹配前面的子表达式零次或一次。例如，"do(es)?" 可以匹配 "do" 或 "does" 中的 "do"。? 等价于 {0,1}
{n}	n 是一个非负整数。匹配确定的 n 次。例如，"o{2}" 不能匹配 "Bob" 中的 "o"，但是能匹配 "food" 中的两个 "o"
{n,}	n 是一个非负整数。至少匹配 n 次。例如，"o{2,}" 不能匹配 "Bob" 中的 "o"，但能匹配 "foooood" 中的所有 "o"。"o{1,}" 等价于 "o+"。"o{0,}" 则等价于 "o*"
{n,m}	m 和 n 均为非负整数，其中 n ≤ m。最少匹配 n 次且最多匹配 m 次。例如，"o{1,3}" 将匹配 "fooooood" 中的前三个 "o"。"o{0,1}" 等价于 "o?"。请注意在逗号和两个数之间不能有空格
边界匹配（不消耗待匹配字符串中的字符）	
^	匹配输入字符串的开始位置。如果设置了 RegExp 对象的 Multiline 属性，^ 也匹配 "\n" 或 "\r" 之后的位置
$	匹配输入字符串的结束位置。如果设置了 RegExp 对象的 Multiline 属性，$ 也匹配 "\n" 或 "\r" 之前的位置

续表

元字符	描述
\b	匹配一个单词边界，也就是指单词和空格间的位置（即正则表达式的"匹配"有两种概念，一种是匹配字符，一种是匹配位置，这里的 \b 就是匹配位置的）。例如，"er\b"可以匹配"never"中的"er"，但不能匹配"verb"中的"er"
\B	匹配非单词边界。"er\B"能匹配"verb"中的"er"，但不能匹配"never"中的"er"
\A	仅匹配字符串开头。例如，"\Aabc"可以匹配"abcdef"
\Z	仅匹配字符串末尾。例如，"abc\Z"可以匹配"defabc"

表 9-2　语法

逻辑分组	
|	将两个匹配条件进行逻辑"或"（or）运算。例如正则表达式 (him|her) 匹配"it belongs to him"和"it belongs to her"，但是不能匹配"it belongs to them."。注意：这个元字符不是所有的软件都支持的
(…)	将 (和) 之间的表达式定义为"组"（group），并且将匹配这个表达式的字符保存到一个临时区域（一个正则表达式中最多可以保存 9 个），它们可以用 \1 到 \9 的符号来引用
(？P<name>...)	分组，除了原有的编号外再指定一个额外的别名。例如，"(?P<id>abc){2}"可以匹配"abcabc"
\<number>	引用编号为 <number> 的分组匹配到的字符串。例如，"(\d)abc\1"可以匹配"1abc1"
(?P=name)	引用别名为 <name> 的分组匹配到的字符串。例如，"(?P<id>\d)abc(?P=id)"，可以匹配"1abc1"
特殊构造（不作为分组）	
(?:pattern)	非获取匹配，匹配 pattern 但不获取匹配结果，不进行存储供以后使用。这在使用字符"(|)"来组合一个模式的各个部分时很有用。例如，"Word(?:2010|2013)"比"Word2010|Word2013"表述简略
(?=pattern)	非获取匹配，正向肯定预查，在任何匹配 pattern 的字符串开始处匹配查找字符串，该匹配不需要获取供以后使用。例如，"Word(?=2007|2010|2013)"能匹配"Word2010"中的"Word"，但不能匹配"Word2003"中的"Word"。
(?!pattern)	非获取匹配，正向否定预查，在任何不匹配 pattern 的字符串开始处匹配查找字符串，该匹配不需要获取供以后使用。例如"Word(?!2007|2010|2013)"能匹配"Word2003"中的"Word"，但不能匹配"Word2010"中的"Word"
(?<=pattern)	非获取匹配，反向肯定预查，与正向肯定预查类似，只是方向相反。例如，"(?<=2007|2010|2013)Word"能匹配"2010Word"中的"Word"，但不能匹配"2003Word"中的"Word"
(?<!pattern)	非获取匹配，反向否定预查，与正向否定预查类似，只是方向相反。例如"(?<!2007|2010|2013)Word"能匹配"2003Word"中的"Word"，但不能匹配"2010Word"中的"Word"

（2）下面通过示例来解读一个比较复杂的正则表达式，示例代码如下：

```
\d{3}\s+\d{5,8}
```

从左到右解读一下：

\d{3} 表示匹配 3 个数字，例如 '010'；

\s 可以匹配一个空格（也包括 Tab 等空白符），所以 \s+ 表示至少有一个空格，例如匹配 ' '、'   ' 等；

\d{5,8} 表示 5 ～ 8 个数字，例如 '1234567'。

由此可以看出，示例给出的正则表达式可以匹配以任意个空格隔开的带区号的电话号码。

2. 匹配字符进阶

要做更精确地匹配，可以用 "[]" 表示取值范围，例如：

[0-9a-zA-Z_]：可以匹配一个数字、字母或者下划线。

[0-9a-zA-Z_]+：可以匹配至少由一个数字、字母或者下划线组成的字符串，比如 'c123'，'5_b'，'Python' 等。

[a-zA-Z_][0-9a-zA-Z_]*：可以匹配由字母或下划线开头，后接任意个由一个数字、字母或者下划线组成的字符串，也就是 Python 合法的变量名。

[a-zA-Z_][0-9a-zA-Z_]{0, 9}：更精确地限制了变量的长度是 1 ～ 10 个字符（前面 1 个字符 + 后面最多 9 个字符）。

另外，还有 |、^、$ 字符也有其特定的匹配对象。例如：

| 表示逻辑或的关系，如：A|D 可以匹配 A 或 D；[P|p]ython 可以匹配 'Python' 或者 'python'。

^ 表示行的开头，^\d 表示必须以数字开头。

$ 表示行的结束，\d$ 表示必须以数字结束。

py 也可以匹配 'python'，但是加上 ^py$ 就变成了整行匹配，就只能匹配 'py' 了。

9.2　正则表达式示例

9.2.1　正则表达式示例

正则表达式是一个特殊的字符序列，它能帮助程序员方便地检查一个字符串是否与某种模式匹配。Python 自 1.5 版本起增加了 re 模块，使 Python 语言拥有全部的正则表达式功能。

1. 反斜杠

与大多数编程语言相同，正则表达式里使用 "\" 作为转义字符，这就可能造成反斜杠困扰，例如字符串 'Python\-001' 需要用 'Python\\-001' 来表示。

使用 Python 的 r 前缀，就可以不用考虑转义的问题了，它标识了字符串是一个原生的字符串，例如字符串 'Python\-001' 可以表示为 r'Python\-001'。

同样，匹配一个数字的 "\\d" 可以写成 r"\d"。有了原生字符串，再也不用担心是不是漏写了反斜杠，写出来的表达式也更加直观。

下面介绍 Python 中常用的正则表达式处理方法。

2. 正则表达式修饰符——可选标志

正则表达式可以包含一些可选标志修饰符来控制匹配的模式，修饰符被指定为一个可选的标志。多个标志可以通过按位 OR(|) 来指定。如 re.I | re.M 被设置成 I 和 M 标志。常用修饰符如表 9-3 所示。

表 9-3　修饰符

修饰符	描述
re.I	使匹配对大小写不敏感
re.L	做本地化识别（locale-aware）匹配
re.M	多行匹配，影响 ^ 和 $
re.S	使 . 匹配包括换行符在内的所有字符
re.U	根据 Unicode 字符集解析字符，这个标志影响 \w、\W、\b、\B
re.X	该标志通过给予更灵活的格式以便将正则表达式写得更易于理解

3. re.match() 方法

re.match() 方法尝试从字符串的开始匹配一个模式。

语法：re.match(pattern, string[, flags])

参数说明如表 9-4 所示。

表 9-4　match() 参数说明

参数	描述
pattern	匹配的正则表达式
string	要匹配的字符串
flags	可选参数，标志位，用于控制正则表达式的匹配方式，如：是否区分大小写，多行匹配等等

如果匹配成功，re.match() 方法返回一个匹配的 match 对象，否则返回 None。

使用 re.match() 方法匹配字符串，示例代码如下：

```
import re
s = "Hello world!"
print re.match("world",s)
print re.match("hello",s)
```

```
print re.match("Hello",s)
print re.match("hello",s,re.I)
```

执行结果如下：

```
None
None
<_sre.SRE_Match object at 0x0000000002D16988>
<_sre.SRE_Match object at 0x0000000002D16988>
```

4. group(num) 或 groups() 方法

除了简单地判断是否匹配之外，正则表达式还有提取子串的强大功能。用 group()
表示的就是要提取的分组（Group）。使用 group(num) 或 groups() 匹配对象方法可以
获取匹配表达式，如表 9-5 所示。

表 9-5　group() 方法说明

匹配对象方法	描述
group(num=0)	匹配的整个表达式的字符串，group() 可以一次输入多个组号，在这种情况下它将返回一个包含那些组所对应值的元组
groups()	返回一个包含所有小组字符串的元组，从 1 到所含的小组号

> 💬 注意
>
> group(0) 永远是原始字符串，group(1)、group(2)……表示第 1、2、
> ……个子串。

使用 re.match() 方法和 group() 方法获取匹配对象，示例代码如下所示：

```
#!/usr/bin/python
Import  re

line = "Cats are smarter than Pigs"

matchObj = re.match( r'(.*) are (.*?) .*', line, re.M|re.I)

if matchObj:
   print "matchObj.group() : ", matchObj.group()
   print "matchObj.group(1) : ", matchObj.group(1)
   print "matchObj.group(2) : ", matchObj.group(2)
else:
   print "No match!!"
```

执行结果如下：

```
matchObj.group() : Cats are smarter than Pigs
```

matchObj.group(1)：Cats
matchObj.group(2)：smarter

5．re.search() 方法

re.search() 方法尝试从字符串的任意位置匹配一个模式。

语法：re.search(pattern, string, flags=0)

参数说明如表 9-6 所示。

表 9-6 rearch() 参数说明

参数	描述
pattern	匹配的正则表达式
string	要匹配的字符串
flags	标志位，用于控制正则表达式的匹配方式，如：是否区分大小写，多行匹配等等

如果匹配成功，re.search 方法返回一个匹配的对象；否则返回 None。

与 re.match() 方法一样，可以使用 group(num) 或 groups() 匹配对象方法来获取匹配表达式。

使用 re.search () 方法和 group() 方法获取匹配对象，示例代码如下：

```
#!/usr/bin/python
import re

line = "Cats are smarter than Pigs";

matchObj = re.match(r'dogs', line, re.M|re.I)
if matchObj:
    print "match --> matchObj.group() : ", matchObj.group()
else:
    print "No match!!"

matchObj = re.search(r'Pigs', line, re.M|re.I)
if matchObj:
    print "search --> matchObj.group() : ", matchObj.group()
else:
    print "No match!!"
```

执行结果如下：

```
No match!!
search --> matchObj.group() : Pigs
```

从执行结果可以发现 re.match() 与 re.search() 的区别：re.match() 只匹配字符串的开始，如果字符串开始不符合正则表达式，则匹配失败，返回 None；而 re.search() 匹配整个字符串，直到找到一个匹配。

6．re.sub() 方法

Python 的 re 模块提供了 re.sub() 方法用于替换字符串中的匹配项。

语法：re.sub(pattern, repl, string, count =0)

re.sub() 方法返回的字符串是在字符串中用 re 最左边不重复的匹配来替换。如果没有发现，字符将被没有改变地返回。

可选参数 count 是模式匹配后替换的最大次数，且必须是非负整数。缺省值是 0 表示替换所有的匹配。

删掉 "2016-11-20" 字符串中的字符 "-"，示例代码如下：

```
#!/usr/bin/python
import  re
date = "2016-11-20 "
print "Date: ", date
num = re.sub(r'-', "", date)
print "Date num: ", num
```

执行结果如下：

```
Date : 2016-11-20
Date Num : 20161120
```

7．re.split() 方法

re 模块中 re.split() 方法类似字符串内置函数 split()，二者的区别在于：内置函数 split() 以参数分割字符串，而正则 split 函数以正则表达式分割字符串。

语法：re.split(pattern, string[, maxsplit=0])

匹配并分割字符串，示例代码如下：

```
#!/usr/bin/python
import re

print re.split('\W+', 'Words, words, words.')
print re.split('(\W+)', 'Words, words, words.')
print re.split('\W+', 'Words, words, words.', 1)

print re.split('(\W+)', '...words, words...')

# 零长度
print re.split('x*', 'foo')
print re.split("(?m)^$", "foo\n\nbar\n")
```

执行结果如下所示：

```
['Words', 'words', 'words', '']
['Words', ', ', 'words', ', ', 'words', '.', '']
['Words', 'words, words.']
```

Chapter 9

```
['', '...', 'words', ', ', 'words', '...', '']
['foo']
['foo\n\nbar\n']
```

示例中的第 4～6 行代码用匹配 pattern 的子串来分割 string，如果 pattern 里使用了圆括号，那么被 pattern 匹配到的子串也将作为返回值列表的一部分。如果 maxsplit 不为 0，则最多被分割为 maxsplit 个子串，剩余部分将被视为一个整体返回。

如果 pattern 中有圆括号并可以匹配到字符串的开始位置时，返回值的第一项会多出一个空字符串，详见第 7 行代码。

> **注意**
>
> split() 方法不会被零长度的 pattern 所分割。

识别字符串中连续的空格，并进行分割，示例代码如下：

```
#!/usr/bin/python
import re

# 字符串中有多个空格
print re.split(r'\s+', 'a b   c')
# 字符串中有多个 , 和空格
print re.split(r'[\s\,]+', 'a,b, c  d')
# 字符串中含有多个 ; 和空格
print re.split(r'[\s\,\;]+', 'a,b;; c  d')
```

执行结果如下：

```
['a', 'b', 'c']
['a', 'b', 'c', 'd']
['a', 'b', 'c', 'd']
```

常用于用户输入了一组标签，用正则表达式来把不规范的输入转化成正确的数组。

8．re.findall() 方法

调用 findall() 方法可以获得正则表达式在字符串中所有匹配结果的列表。以列表的形式返回 string 里匹配 pattern 的不重叠的子串。string 会被从左到右依次扫描，返回的列表也是从左到右一次匹配到的。如果 pattern 里含有组的话，那么会返回匹配到的组的列表；如果 pattern 里有多个组，那么各组会先组成一个元组，然后返回值将是一个元组的列表。

语法：re.findall(pattern, string[, flags])

findall() 方法的返回列表中每个元素包含的信息如下：

（1）当给出的正则表达式中带有多个括号时，列表的元素为多个字符串组成的元组，元组中字符串个数与括号对数相同，字符串内容与每个括号内的正则表达式相对应，并且排序是按括号出现的顺序。

（2）当给出的正则表达式中带有一个括号时，列表的元素为字符串，此字符串的内容与括号中的正则表达式相对应（不是整个正则表达式的匹配内容）。

（3）当给出的正则表达式中不带括号时，列表的元素为字符串，此字符串为整个正则表达式所匹配的内容。

获得正则表达式在字符串中所有匹配结果的列表，示例代码如下：

```
#!/usr/bin/python
import re
str1 = re.findall('\w+', 'hello, Python!')
print str1
str2 = re.findall('(\d+)\.(\d+)\.(\d+)\.(\d+)', 'My IP is 192.168.1.1, and your is 192.168.1.6.')
print str2
```

执行结果如下：

```
['hello', 'Python']
[('192', '168', '1', '1'), ('192', '168', '1', '6')]
```

从给定的"时：分：秒"中提取时、分、秒，示例代码如下：

```
#!/usr/bin/python
import re
t = '13:25:10'
m = re.match(
    r'^(0[0-9]|1[0-9]|2[0-3]|[0-9])\:(0[0-9]|1[0-9]|2[0-9]|3[0-9]|4[0-9]|5[0-9]|[0-9])\:(0[0-9]|1
        [0-9]|2[0-9]|3[0-9]|4[0-9]|5[0-9]|[0-9])$', t)
print m.groups()
```

执行结果如下：

```
('13', '25', '10')
```

这个正则表达式可以直接识别合法的时间。但是有些时候，用正则表达式也无法做到完全验证，比如识别日期，示例代码如下：

```
'^(0[1-9]|1[0-2]|[0-9])-(0[1-9]|1[0-9]|2[0-9]|3[0-1]|[0-9])$'
```

对于 '2-30'，'4-31' 这样的非法日期，用正则表达式还是识别不了，或者说写出来非常困难，这时就需要程序配合识别了。

9. 数量词的贪婪模式与非贪婪模式

正则表达式通常用于在文本中查找匹配的字符串。Python 里数量词默认是贪婪的（在少数语言里也可能默认非贪婪），总是尝试匹配尽可能多的字符。非贪婪的则相反，总是尝试匹配尽可能少的字符。例如：正则表达式"ab*"如果用于查找"abbbc"，将找到"abbb"。而如果使用非贪婪的数量词"ab*?"，将找到"a"。

匹配出数字后面的 9，示例代码如下：

```
#!/usr/bin/python
```

```
import re
t1 = re.match(r'^(\d+)(9*)$', '102399').groups()
t2 = re.match(r'^(\d+?)(9*)$', '102399').groups()
print t1
print t2
```

执行结果如下：

```
('102399', '')
('1023', '99')
```

由于 \d+ 采用贪婪匹配，示例第 4 行代码直接把后面的 9 全部匹配了，结果 9* 只能匹配空字符串了。

如果想获得数字 1023 后的全部 9，必须让 \d+ 采用非贪婪匹配（也就是尽可能少匹配），才能把后面的 9 匹配出来。例如，在示例第 5 行代码的 Pattern 中加个 ? 就可以让 \d+ 采用非贪婪匹配。

10. re.compile() 方法

在 Python 中使用正则表达式时，re 模块内部会做两件事情。

（1）编译正则表达式，如果正则表达式的字符串本身不合法，会报错。

（2）用编译后的正则表达式去匹配字符串。

如果一个正则表达式要重复使用几千次，出于效率的考虑，可以预编译该正则表达式，接下来重复使用时就不需要编译这个步骤了，直接匹配。

re 模块中，compile() 方法根据一个模式字符串和可选的标志参数生成一个正则表达式对象。该对象拥有一系列方法用于正则表达式的匹配和替换。

语法：re.compile(pattern[, flags])

参数说明如表 9-7 所示。

表 9-7　compile() 参数说明

参数	描述
pattern	匹配的正则表达式
flags	标志位，用于控制正则表达式的匹配方式，如：是否区分大小写，多行匹配等等

用 re.compile 方法编译成一个正则表达式对象，示例代码如下：

```
#!/usr/bin/python
import re
re_telephone = re.compile(r'^(\d{3})-(\d{3,8})$')
phone1 = re_telephone.match('010-123321').groups()
print phone1
phone2 = re_telephone.match('010-62248234').groups()
print phone2
```

执行结果如下：

```
('010', '123321')
('010', '62248234')
```

编译后生成正则表达式对象，由于该对象自己包含了正则表达式，所以调用对应的方法时不用给出正则表达式。

9.2.2　抓取网页图片案例

本节编写一个案例，实现抓取网站的网页图片保存到本地的功能，实现步骤如下：

（1）抓取网页；

（2）获取图片地址；

（3）抓取图片内容并保存到本地目录 E:\ 下。

案例代码如下所示：

```python
import re
import urllib2

#1. 抓取网页
req = urllib2.urlopen('http://www.kgc.cn/list')
buf = req.read() # 保存到 buffer 中
req.close()

#2. 获取图片地址
# 使用正则表达式获得 <img> 标签中图片的地址
buf=buf.decode('UTF-8')
listurl = re.findall(r'http:.[^"]+\.jpg', buf)
print listurl

#3. 抓取图片内容并保存到本地
i = 0
for url in listurl:
    f = open('e:\\'+str(i)+'.jpg','wb')
    req = urllib2.urlopen(url)
    buf = req.read()
    f.write(buf)
    f.close()
    i += 1
```

本章总结

- 正则表达式用一种描述性的语言来给字符串定义一个规则。凡是符合规则的字符串，就认为它"匹配"了；否则，该字符串就是不合法的。

- Python 自 1.5 版本起增加了 re 模块，使 Python 语言拥有全部的正则表达式功能。

- re.match() 方法尝试从字符串的开始匹配一个模式。
- re.search() 方法尝试从字符串的开始匹配一个模式。
- re.sub() 方法用于替换字符串中的匹配项。
- findall() 方法可以获得正则表达式在字符串中所有匹配结果的列表。
- re.split() 方法以正则表达式分割字符串。

本章作业

1．对任意一个英文的纯文本文件，统计其中单词出现的个数。例如 input.txt 的内容为：I love you!I love you!I love。

2．如下 HTML 片段，使用正则表达式匹配获取所有链接地址。

```
<li><a href="/test1.html">test1</a></li>
<li><a href="/test2.html">test2</a></li>
<li><a href="/test3.html">test3</a></li>
<li><a href="/test4.html">test4</a></li>
```

3．用课工场 APP 扫一扫，完成在线测试，快来挑战吧！

第10章

迭代器、生成器与装饰器

技能目标

- 掌握闭包及其应用
- 掌握迭代器、生成器与装饰器

本章导读

　　本章主要介绍 Python 高级技术，包括闭包、迭代器、生成器、装饰器等技术。迭代器、生成器、装饰器是 Python 中经常用到的语法，对于 Python 的节约内存等方面有很大的作用。

知识服务

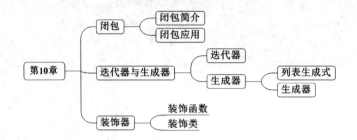

10.1   闭包

在计算机科学中，闭包（Closure）是词法闭包（Lexical Closure）的简称，是引用了自由变量的函数。这个被引用的自由变量将和这个函数一同存在，即使已经离开了创造它的环境也不例外。因此，有另一种说法认为闭包是由函数和与其相关的引用环境组合而成的实体。闭包在运行时可以有多个实例，不同的引用环境和相同的函数组合可以产生不同的实例。

10.1.1   闭包简介

不同的语言实现闭包的方式不同。Python 以函数对象为基础，为闭包这一语法结构提供支持。在 Python 中一切皆对象，函数这一语法结构也是一个对象。在函数对象中，我们像使用一个普通对象一样使用函数对象，比如更改函数对象的名字，或者将函数对象作为参数进行传递。

闭包的函数对象在内存中会占用自己的内存区域，它内部的变量值不同，就会产生不同的结果，这就是它与普通函数的区别。

1. 闭包原理分析

首先分析普通函数在内存中的情况，以便于我们理解闭包的原理，使用 Python 的 print 可以查看对象的内存地址。

```
def hello():
    return "hello world"


ahello=hello
bhello=hello
print hello
print ahello
print bhello
```

这里定义了函数 hello()，然后把函数对象赋值给了变量 ahello、bhello，最后使用 print 查看变量 ahello、bhello 和函数 hello() 的内存地址。

```
>>>
<function hello at 0x0000000002DA43C8>
<function hello at 0x0000000002DA43C8>
<function hello at 0x0000000002DA43C8>
```

它们的执行结果是相同的，都输出了函数名 hello。0x 开头的十六进制数是 hello() 函数在内存中的地址，也就是在内存中和普通函数的地址相同，说明 hello() 函数在内存中只有一个函数对象存在。

接下来定义一个闭包的函数，分析它在内存中的情况。

```
def addWithCount(count):
    def add(num):
        return count+num
    return add
print addWithCount
```

可以看到，闭包函数的定义并不复杂，在 addWithCount() 函数中又定义了一个 add() 函数，需要注意的是 add() 函数的返回值，除了内部需要 return count+num，还要在后面 return add，表示返回的是 add() 函数本身，那么它是如何工作的呢？我们还是先执行 print 分析一下。

```
<function addWithCount at 0x0000000002DA44A8>
```

打印 addWithCount 函数时，输出的也是函数名和它的内存地址，现在按普通函数的方式执行 addWithCount() 函数。

```
addWithCount(100)
```

执行后发现没有任何的输出结果，现在使用 print 输出看看有什么结果。

```
print addWithCount(100)
>>>
<function add at 0x0000000002E245F8>
```

我们输出的是 addWithCount(100)，但是显示的是一个普通函数的输出格式，并且函数名是 add，也就是定义在 addWithCount() 函数内部的函数。如果是普通函数，addWithCount(100) 应该是执行函数的功能，但现在 addWithCount(100) 表示的是 add 函数，由此不难看出，addWithCount() 函数与 100 个参数共同组成了新的函数对象，如果换成其他参数，又会组合为其他新的函数对象。

既然 addWithCount(100) 是个函数，我们依然把它赋值给变量，查看输出结果。

```
def addWithCount(count):
    def add(num):
        return count+num
    return add

aAddWithCount =addWithCount(200)
```

```
bAddWithCount = addWithCount(300)

print addWithCount(100)
print aAddWithCount
print bAddWithCount
```

执行后输出的结果是：

```
>>>
<function add at 0x0000000002D845F8>
<function add at 0x0000000002D84518>
<function add at 0x0000000002D84588>
```

函数名称都是 add，但它们的内存地址已经不同了，正如前面所讲到的一样，addWithCount 与不同的变量值组成了不同的函数对象。现在调用不同的 add() 函数就会产生不同的结果。

```
def addWithCount(count):
    def add(num):
        return count+num
    return add

aAddWithCount = addWithCount(200)
bAddWithCount = addWithCount(300)

print aAddWithCount(20)
print bAddWithCount(20)
```

定义了 aAddWithCount 和 bAddWithCount 这两个变量，它们是 addWithCount 函数与不同的参数 200、300 组成的新 add 函数。执行这两个新函数的结果是：

```
>>>
220
320
```

虽然参数都是 20 这个数值，但它们的结果是不同的，这是因为构建 add 函数时，传入了不同的参数。函数 add() 的语句 return count+num 中 count 就是传入的 200 或 300 这个参数值，num 就是后来传入的 20 这个参数值，这就是闭包产生的原理。

结合上面的代码和定义来说明闭包：

如果在一个内部函数 add(num) 里，对在外部作用域（但不是在全局作用域）的变量 count 进行引用，则这个内部函数 add(num) 就是一个闭包。闭包 = 函数 + 定义函数时的环境，add(sum) 就是函数，count 就是环境。

对闭包的总结如下：

1）在外部函数的内部定义一个内部函数，内部函数的返回值是内部函数的名称。

2）内部函数引用外部函数的变量。

3）使用时先初始化外部函数，传入相应参数，使用变量接收，变量代表的是内部函数和参数组成的新函数。

4）使用新函数会根据初始时的参数执行操作，产生不同的结果。

2. 使用闭包的注意事项

闭包使用时有一些问题经常出现，下面举例进行说明。

```
def foo():
  a = 1
  def bar():
    a = a+1
    return a
  return bar
c=foo()
print c()

>>>
// 省略内容
  a = a+1
UnboundLocalError: local variable 'a' referenced before assignment
```

这段代码的本意是，在每次调用闭包函数时都对变量 a 进行递增的操作，但是执行结果报错，这是因为在执行代码 c = foo() 时，Python 会导入全部的闭包函数体 bar() 来分析其局部变量，Python 规则指定所有在赋值语句左面的变量都是局部变量，则在闭包 bar() 中，变量 a 在赋值符号 "=" 的左面，被 Python 认为是 bar() 中的局部变量。在接下来执行 print c() 后，程序运行至 a = a + 1 时，因为先前已经把 a 归为 bar() 中的局部变量，所以 Python 会在 bar() 中去找在赋值语句右面 a 的值，但是找不到就会报错。解决的方法如下：

```
def foo():
  a = [1]
  def bar():
    a[0] = a[0]+1
    return a[0]
  return bar
c=foo()
print c()

>>>
2
```

设定 a 为一个容器，此时 Python 内部函数调用的就是外部函数的容器 a 了。在 Python3 版本以后，加入了新的关键字 nonlocal，可以显式地指定 a 不是闭包的局部变量，更好地解决了这个问题。在 Python3 中的代码如下：

```
def foo():
  a = 1
```

```
    def bar():
  nonlocal  a          //Python3 中的关键字 nonlocal
        a = a+1
        return a
    return bar
c=foo()
print c()

>>>
2
```

10.1.2　闭包应用

闭包在编写程序时能带来很好的灵活性，下面举几个例子。

（1）在用 html 编写网页时，需要对某些文字进行修饰，<b> 标签表示粗体字，<i> 标签表示斜体字。使用闭包的函数，可以灵活地控制输出。

```
def makebold(fn):
  def wrapped():
    return "<b>" + fn() + "</b>"
  return wrapped

def makeitalic(fn):
  def wrapped():
    return "<i>" + fn() + "</i>"
  return wrapped

def hello():
  return "hello world"

italicContent = makeitalic(hello)
boldContent = makebold(hello)
italicAndBoldContent = makeitalic(makebold(hello))

print italicContent()
print boldContent()
print italicAndBoldContent()
```

makebold() 和 makeitalic() 使用函数作为参数，它们都是闭包的函数，hello() 函数返回需要输出的文字。然后定义三个变量，分别是 <i>、<b> 和 <i><b> 同时使用的函数，输出它们的结果如下：

```
>>>
<i>hello world</i>
<b>hello world</b>
<i><b>hello world</b></i>
```

需要使用哪种标签，只要使用相应函数执行即可。

（2）餐厅有茶和水两种饮料，并且有大杯和小杯之分，下面的代码可以演示灵活的操作方式。

```
def drinks(drinksName):
    def cup(cupType):
        return cupType+':'+drinksName
    return cup

tea = drinks(' 茶 ')
water=drinks(' 水 ')

print tea(' 小杯 ')
print water(' 大杯 ')
```

输出的结果是：

```
>>>
小杯 : 茶
大杯 : 水
```

可以看到很容易就能组合为不同的结果。如果再有"咖啡"或者"中杯"等其他种类，只需要对函数略作修改即可实现。所以灵活地使用闭包的函数，可以达到很好的效果。

（3）闭包可以实现先将参数传递给一个函数，但不立即运行，需要时再运行，以达到延迟求值的目的。

```
def delay_fun(x,y):
    def caculator():
        return x+y
    return caculator
print(' 返回一个求和的函数，并不求和。')
msum = delay_fun(3,4)
print(' 调用并求和 :')
print(msum())
```

输出的结果是：

```
>>>
返回一个求和的函数，并不求和。
调用并求和 :
7
```

在外层函数中，delay_fun(x,y) 返回嵌套函数对象 caculator()，把参数 3、4 传入外层函数中，这个嵌套的函数对象 caculator() 直接引用外层函数中的值，而不需要用参数形式传递。因此，只有第二次调用返回的函数时，才真正地执行计算，并返回计算结果。

10.2　迭代器与生成器

10.2.1　迭代器

在 Python 中的列表、元组、字符串、文件、映射、集合等都可以在 for 循环中使用，而迭代器是实现了迭代器协议方法的对象或类，在 for 循环中的使用形式上与列表、元组等是一样的。在每次循环中，for 语句都是从迭代器序列中取一个数据元素。迭代器协议方法主要有 __iter__() 和 next() 方法，__iter__() 返回对象本身，next() 返回容器中的下一个数据元素，当已经是最后一个数据时，就会引发 StopIteration 的异常。

对于语句 for i in range(10) 相信大家已经熟悉了，range(10) 返回数值列表，这个列表中有多少数据，就会在内存中占据相应的空间。函数 xrange() 和 range() 相似，也可以在 for 循环中使用，如 for i in xrange(10)。但是占用内存比 range 会小很多，因为 xrange 不是返回列表，而是返回一个对象，占用内存不会因为参数的变化而占用更多的内存空间。xrange 内部是如何实现的，我们可以先尝试用 Python 实现类似 xrange 的函数 testrange：

示例代码如下：

```
class testrange(object):
    def __init__(self,end):
        self.__start=0
        self.end=end
    def __iter__(self):
        return self
    def next(self):
        if self.__start >= self.end:
            raise StopIteration
        else:
            self.__start = self.__start + 1
            return self.__start-1
test = testrange(1000)
for i in test:
    print i
```

它的运行方式和 xrange 内部基本一样，xrange 或者自定义的 testrange 产生的对象，叫作可迭代对象，它给外部提供了一种遍历其内部元素，而不用关心其内部实现的方法。上面 testrange 的实现中，最关键的实现是建立了一个内部指针 __start，它记录当前访问的位置，下次的访问就可以通过指针的状态进行相应的操作。所以当需要遍历的序列很大时，一定要使用迭代器的方式，可以节约大量的内存空间。

10.2.2 生成器

在介绍生成器之前，先来了解一下 Python 的列表生成式。

1. 列表生成式

列表生成式（List Comprehensions）是 Python 内置的功能，可以很方便地生成列表。

如果要生成如 [1x1,2x2,3x3,4x4,5x5] 的列表，通常我们会使用 for 循环处理，示例代码如下：

```
list = []
for i in range(1, 6):
    list.append(i * i)
print list

// 执行结果
>>>
[1, 4, 9, 16, 25]
```

但是循环过于繁琐，可以使用更简洁的列表生成式，只用一行语句生成上面的列表：

```
>>>print [x * x for x in range(1, 6)]
[1, 4, 9, 16, 25]
```

for 循环后面还可以加上 if 判断进行灵活的控制，如筛选出偶数的平方：

```
>>>print [x * x for x in range(1, 6) if x % 2 == 0]
[4, 16]
```

还可以使用 2 层循环，生成全排列数据，多层循环也可以使用，但控制起来难度较大，所以很少使用：

```
>>>print [a + b for a in 'ABC' for b in 'XYZ']
['AX', 'AY', 'AZ', 'BX', 'BY', 'BZ', 'CX', 'CY', 'CZ']
```

使用列表生成式，可以写出非常简洁的代码。如列出当前目录下的所有文件和目录名，可以通过一行代码实现：

```
import os
print [d for d in os.listdir('.')]
```

列表生成式可以使用两个变量来生成列表，如字典的 iteritems() 返回两个变量，可以对其进行控制：

```
dict = {'a': '1', 'b': '2', 'c': '3' }
print [key + '=' + value for key, value in dict.iteritems()]
// 结果
['a=1', 'c=3', 'b=2']
```

运用列表生成式，可以通过一个 list 快速推导出另一个 list，而代码却十分简洁。

2. 生成器

通过列表生成式，可以灵活快速地创建一个列表，但是，列表会占用大量内存，而使用时有可能只用到前面几个。如果不创建列表，但列表元素可以按照某种算法，在 for 循环中推算出下一个元素，就不必创建完整的 list，从而节省了内存空间。在 Python 中，这种一边循环一边计算的机制，称为生成器（Generator）。

创建一个 generator 最简单的方式就是把列表生成式的 [] 改成 ()，这样就创建了一个 generator：

```
print [i * i for i in range(5)]
print (i * i for i in range(5))
// 结果
>>>
[0, 1, 4, 9, 16]
<generator object <genexpr> at 0x00000000023A6750>
```

generator 的元素可以通过 next() 方法访问：

```
gen = (i * i for i in range(5))

print gen.next()
print gen.next()
print gen.next()
print gen.next()
print gen.next()
print gen.next()
// 结果
>>>
0
1
4
9
16

Traceback (most recent call last):
  File "D:/Python27/myTest/test5.py", line 8, in <module>
    print gen.next()
StopIteration
```

generator 每次调用 next()，就计算出下一个元素的值，直到最后一个元素，抛出 StopIteration 的异常。generator 使用最多的地方是在 for 循环中，它也是可迭代的对象。

```
gen = (i * i for i in range(5))
for x in gen:
print x
// 结果
>>>
0
1
4
```

9
16

generator 非常强大，对于复杂的需求，如果不能使用列表生成式生成，还可以用函数来实现。比如，著名的斐波那契数列（Fibonacci），除第一个和第二个数外，任意一个数都可由前两个数相加得到：

```
def fib(max):
    count, a, b = 0, 0, 1
    while count < max:
        yield b          //yield 表示定义一个生成器
        a, b = b, a + b
        count = count + 1
print fib(5)

for x in fib(5):
    print x
// 结果
>>>
<generator object fib at 0x0000000002BBB120>
1
1
2
3
5
```

这是定义 generator 的另一种方法。如果一个函数定义中包含 yield 关键字，那么这个函数就不再是一个普通函数，而是一个 generator。

generator 和函数的执行流程是不同的，函数是按顺序执行，遇到 return 语句或者最后一行函数语句就返回。而使用 generator 的函数，在每次调用 next() 的时候执行，遇到 yield 语句返回，再次执行时从上次返回的 yield 语句处继续执行。

10.3　装饰器

装饰器用来装饰函数，给函数快速增加附加的功能。例如，当需要给多个函数临时加上相同的功能时（例如打印一段文字），通常需要在每一个函数当中加入 print 语句，这样不仅麻烦，而且改变了原有函数的功能。此时如果使用装饰器，只需要编写一遍重复的代码，然后在需要的函数中调用即可。

1. 装饰函数

（1）使用 @ 修饰的语法就是装饰器。下面编写一段计时测试程序：

```
import datetime

def time(func):                  // 定义一个装饰器 time（参数为 func，可接受函数对象）
    def wrapper():               // 新定义一个包装器函数用于返回
```

```
        start_time = datetime.datetime.now()
        print start_time
        func()                          // 调用被装饰的函数
        end_time = datetime.datetime.now()
        print end_time
        print "time used: {}".format(end_time - start_time)
    return wrapper                      // 返回包装器函数

    @time                               // 装饰函数语句
    def loop():                         // 普通函数（被装饰）
        print " start..."
        for i in xrange(100000000):
            pass
        print " finished."

    if __name__ == "__main__":
        loop()

// 结果
>>>
2016-12-11 00:51:25.030000
 start...
 finished.
2016-12-11 00:51:28.921000
time used: 0:00:03.891000
```

用 @time 装饰器来装饰函数 loop 时，实际上执行的是 time(loop)()。可以理解为 loop()==time(loop)()== wrapper()，本质上就是把 loop 函数当作参数传递到 time 函数，time (loop) 返回的是 wrapper 函数，loop 是 wrapper 函数的一个变量。

（2）装饰器也可以装饰带参数的函数，当函数的参数不确定时，可以使用 *args 和 **kwargs，*args 表示任意多个无名参数，它是一个 tuple；**kwargs 表示关键字参数，它是一个 dict。一个函数同时使用 *args 和 **kwargs 时，*args 参数必须要列在 **kwargs 前，否则会报异常。

```
import datetime
def log(func):
    def wrapper(*args, **kwargs):
        start_time = datetime.datetime.now()
        func(*args, **kwargs)
        end_time = datetime.datetime.now()
    return wrapper
@log
def sum(num1, num2):
    print num1 + num2
if __name__ == "__main__":
    sum(1, 2)
// 结果
>>>
3
```

2. 装饰类

装饰器不仅可以装饰函数，也可以装饰类。

（1）定义能够装饰类的装饰器 addSex，在它内部定义内嵌类 InnerClass，用于替代被装饰的类。在 Person 类上使用 addSex 装饰后，实例化 Person 得到的是被装饰后的类。

```
def addSex(myClass):
    class InnerClass:
        def __init__(self,name,age,sex):
            self.sex = sex
            self.wrapper = myClass(name,age)
        def showInfo(self):
            self.wrapper.showInfo()
            print "sex:",self.sex
    return InnerClass


@addSex
class Person:
    def __init__(self,name,age):
        self.name = name
        self.age = age

    def showInfo(self):
        print "name:",self.name
        print "age:",self.age
if __name__ == '__main__':
    p = Person('Tom',33,'MALE')
    p.showInfo()

// 结果
>>>
name: Tom
age: 33
sex: MALE
```

（2）Python 提供了三个内置的装饰器：staticmethod、classmethod 和 property。

我们之前已经学习过，staticmethod、classmethod 相当于全局方法，一般用在抽象类或父类中，一般与具体的类无关。类方法需要额外的类变量 cls，当有子类继承时，调用类方法传入的类变量 cls 是子类，而不是父类。在某些应用场合需要 cls 参数时，只能使用类方法；不需要时，类方法和静态方法是通用的。

@property 是把函数方法变成属性，@XXX.setter 负责把一个 setter 方法变成属性赋值，示例代码如下：

```
class Person(object):
    def __init__(self):
        self._name = None
    @property
```

```
    def name(self):
        return self._name
    @name.setter
    def name(self, name):
        self._name = name


if __name__ == "__main__":
    p = Person()
    print p.name
    p.name = 'Tom'
    print p.name
// 结果
>>>
None
Tom
```

本章总结

- 闭包的函数对象在内存中会占用自己的内存区域，它内部的变量值不同，就会产生不同的结果，这就是它与普通函数的区别。
- 迭代器、生成器、装饰器是 Python 中经常用到的语法，可以节约大量内存。

本章作业

1. 编写一个函数，然后使用闭包的方式在调用函数前后输出日志。
2. 使用列表生成式，生成 1 ～ 9 乘法口诀列表，如：

    ['1 * 1 = 1', '1 * 2 = 2'……'8 * 9 = 72', '9 * 9 = 81']。
3. 编写生成器函数，实现输出阶乘序列如下：

```
1 !=1
2 !=2
3 !=6
4 !=24
5 !=120
6 !=720
…………………………
```

第**11**章

线程、进程、协程与 Socket

技能目标

- 掌握线程、进程与协程
- 掌握 Python 的 Socket 模块
- 掌握同步、异步、阻塞、非阻塞

本章导读

　　进程（Process）是应用程序正在执行的实体，每个进程至少要干一件事。在一个进程内部中同时干多件事，就需要同时运行多个"子任务"，我们把进程内的这些"子任务"称为线程（Thread）。协程 (Coroutine)，又称微线程，协程的执行有点像多线程，但协程的特点是一个线程执行，最大的优势就是协程有极高的执行效率。

知识服务

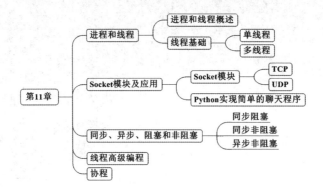

11.1　进程和线程

现代操作系统如 Linux、Windows 等都是支持"多任务"的操作系统，就是操作系统可以同时运行多个任务。可以在浏览网页的同时听音乐或使用 Word 文档，这就是多任务。还有很多任务悄悄地在后台同时运行着，只是桌面上没有显示而已。多任务同时执行使用到了进程和线程技术。

过去的单核 CPU，也可以执行多任务。操作系统轮流让各个任务交替执行，任务 1 执行 0.01 秒，切换到任务 2，任务 2 执行 0.01 秒，再切换到任务 3，执行 0.01 秒……。因为 CPU 的执行速度非常快，所以我们感觉就像所有任务都在同时执行一样，但实际上它们并不是同时执行的。而现在使用非常普遍的多核 CPU 可以实现多任务并行执行，也就是在同一时间能处理多个任务。但是，由于任务数量远远多于 CPU 的核心数量，所以，操作系统也会自动把很多任务轮流调度到每个核心上执行。

11.1.1　进程和线程概述

进程（Process）是应用程序正在执行的实体，每个进程至少要干一件事。对于操作系统来说，打开浏览器就启动了一个浏览器进程，打开一个记事本就启动了一个记事本进程，打开两个记事本就启动了两个记事本进程。进程是一个程序的执行实例，是操作系统可分配、管理的资源的集合。进程拥有一个唯一的 ID。

进程的特点是：

（1）进程是系统运行程序的基本单位。

（2）每一个进程都有自己独立的一块内存空间、一组系统资源。

（3）每一个进程的内部数据和状态都是完全独立的。

有些进程同时不止干一件事，比如 Word，它可以同时进行打字、拼写检查、打印等事情。在一个进程内部中同时干多件事，就需要同时运行多个"子任务"，我们把进程内的这些"子任务"称为线程（Thread）。

线程是 CPU 调度的最小单元，进程不能够直接与 CPU 进行交互，必须通过线程才可以。我们抽象理解为线程就是一组指令，一个进程中可以并发多个线程，每条线程执行不同的任务。

一个进程至少有一个线程，进程会启动一个主线程，该线程与该进程的 ID 相同。创建的第一个线程我们称之为主线程，主线程可以创建子线程，子线程还可以创建线程。

线程与进程的区别和联系：

（1）同一个进程中的线程共享内存空间，不同进程的内存空间是相互独立的。

（2）同一个进程中的多个线程是共享同一份数据的，两个子进程之间的数据是相互独立的。

（3）同一个进程中的多个线程之间可以直接进行通信，两个进程之间进行通信必须使用中间代理。

（4）创建进程的开销较大，需要对其父进程进行一次完全拷贝。而创建线程的开销较小。

（5）同一个进程中的线程可以创建其他线程，创建完成后两个线程之间关系平等。进程可以创建进程，但是会有主进程和子进程之分。

（6）同一个进程中的线程正常退出不会影响其他线程，线程崩溃会导致进程崩溃，父进程被杀不会影响其子进程，除非子进程做特殊处理。

（7）同一个进程中的线程操作数据，有可能会影响其他线程的数据。在父进程中操作数据，一定不会影响其子进程中的数据。

11.1.2 线程基础

1. 单线程

使用 Python 语言编写单线程的程序，实际上就是按顺序执行程序的方式，即只有当一个子任务完成后，才能执行后面的任务。比如要听音乐和使用 Word 文档，Python 示例代码如下：

```
from time import ctime,sleep
def  music():           // 听音乐
    for i in range(2):
      print " 我在听音乐 . %s" %ctime()
      sleep(1)          // 休眠 1 秒
def  word():            // 写文档
    for i in range(2):
      print " 我在写文档 ! %s" %ctime()
      sleep(1)          // 休眠 1 秒


music()
word()

// 执行结果
```

```
>>>
我在听音乐 . Fri Dec 02 23:13:16 2016
我在听音乐 . Fri Dec 02 23:13:17 2016
我在写文档 ! Fri Dec 02 23:13:18 2016
我在写文档 ! Fri Dec 02 23:13:19 2016
```

定义了方法 music() 表示听音乐，方法 word() 表示写文档，方法中使用 for 循环 2 次，休眠 1 秒。先调用 music() 方法，然后调用 word() 方法，从输出结果中可以看出它们是顺序执行，只有在听完音乐后，才能执行写文档的任务。线程的存在必须依赖于进程，所以这段代码是单进程单线程的情况。

2. 多线程

前面的示例中如果执行时把 word() 方法放到前面，music() 方法放到后面，相信大家也能知道执行结果，就是先输出 word() 方法的内容，然后再输出 music() 方法的内容，这种执行顺序是我们自己固定好的，单线程必须这样使用。但在实际生活中，写文档和听音乐往往是需要同时进行的，我们并不会把它们的顺序固定好，如必须写完文档才能听音乐，或者必须听完音乐再写文档。这时就可以使用多线程来实现多任务的执行。

Python 支持使用多线程，程序代码可以在一个进程空间中操作管理多个执行的线程。Python 支持多线程的模块叫做 threading。Python 原本提供了两个模块 thread 和 threading 来实现多线程。threading 提供了一个比 thread 模块更高层的 API 来提高线程的并发性，能够将多个线程并发运行并共享内存。

threading 模块的常用方法如表 11-1 所示。

表 11-1　threading 模块常用的方法

方法名称	说明
threading.Thread()	实例化一个对象，每个 Thread 对象对应一个线程，可以通过 start() 方法运行线程
threading.activeCount()	返回当前"进程"里面"线程"的个数，注：返回的个数中包含主线程。类似 python 统计列表中元素个数
threading.enumerate()	返回当前运行中的 Thread 对象列表
threading.setDaemon()	参数设置为 True 时，会将线程声明为守护线程，且必须在 start() 方法之前设置，不设置为守护线程，程序会被无限挂起
threading.stat()	启动运行线程
threading.join([timeout])	主线程 A 中，创建了子线程 B，并且在主线程 A 中调用了 B.join()，那么，主线程 A 会在调用的地方等待，直到子线程 B 完成操作后，才可以接着往下执行，那么在调用这个线程时可以使用被调用线程的 join 方法。参数是可选的，代表线程运行的最大时间，即如果超过这个时间，不管这个线程有没有执行完毕都会被回收，然后主线程或方法都会接着执行

（1）对前面示例进行改造，使我们可以在听音乐的同时写文档，示例代码如下：

```
from time import ctime,sleep
import threading                          // 导入 threading 模块

def music():
    for i in range(2):
        print " 我在听音乐 . %s \n" %ctime()
        sleep(1)                          // 休眠 1 秒
def word():
    for i in range(2):
        print " 我在写文档 ! %s \n" %ctime()
        sleep(2)                          // 休眠 2 秒
threads = []
t1 = threading.Thread(target=music)       // 定义多线程，执行 music 方法
threads.append(t1)
t2 = threading.Thread(target=word)        // 定义多线程，执行 word 方法
threads.append(t2)

if __name__ == '__main__':
    for t in threads:
        t.setDaemon(True)                 // 将线程声明为守护线程，不声明线程会被无限挂起
        t.start()                         // 启动线程
    print "all over %s" %ctime()

// 执行结果
>>>
我在听音乐 . Fri Dec 02 23:45:38 2016
我在写文档 ! Fri Dec 02 23:45:38 2016
all over Fri Dec 02 23:45:38 2016
>>> 我在听音乐 . Fri Dec 02 23:45:39 2016
我在写文档 ! Fri Dec 02 23:45:40 2016
```

　　首先导入 threading 模块，然后创建 threads 数组，创建线程对象 t1，之后使用 threading.Thread() 方法，在这个方法中调用 music 方法 target=music。把创建好的线程 t1 装到 threads 数组中。接着，以同样的方式创建线程 t2，并把 t2 也装到 threads 数组。最后，通过 for 循环遍历数组，数组被装载了 t1 和 t2 两个线程。可以明显看出使用了多线程并发的操作，花费时间要短的很多。子线程启动后，父线程也继续执行下去，当父线程执行完最后一条语句 print "all over %s" %ctime() 后，没有等待子线程，直接就退出了。

　　（2）对上面的程序加入 join() 方法，用于等待线程终止。join() 的作用是，在子线程完成运行之前，这个子线程的父线程将一直等待，示例代码如下：

```
// 省略内容

if __name__ == '__main__':
    for t in threads:
```

```
        t.setDaemon(True)
        t.start()
    t.join()                    // 加入 join 方法
    print "all over %s" %ctime()
// 执行结果
>>>
我在听音乐 . Fri Dec 02 23:55:41 2016
我在写文档 ! Fri Dec 02 23:55:41 2016


我在听音乐 . Fri Dec 02 23:55:42 2016

我在写文档 ! Fri Dec 02 23:55:43 2016

all over Fri Dec 02 23:55:45 2016
```

从执行结果可看到，最后的语句 print "all over %s" %ctime() 是在所有子线程都执行结束后才开始执行的，听音乐和写文档在同时执行。

对于这段代码总结起来就是，当程序执行时启动主线程，主线程又启动了一个听音乐的线程和一个写文档的线程，因为使用了 join() 方法，只有当子线程运行结束后，主线程才会继续执行在 join() 方法后面的代码，最后主线程退出。这是一个单进程多线程的示例。

11.2　Socket 模块及应用

在使用计算机的时候，很多程序需要进行网络操作，用于和其他计算机进行数据交互。如使用浏览器浏览网页就是访问网页服务器，使用 QQ 就是和 QQ 的服务器进行数据交互。能够完成网络交互的技术称为 Socket（套接字），它是网络编程中抽象的概念，包含 IP 地址、端口号和协议等信息。

11.2.1　Socket 模块

在 Python 中进行网络编程需要使用 Socket 模块，它实现了用于网络连接的 TCP/IP 协议。TCP/IP 协议是一个协议组，由多个协议组成，规定了网络连接需要的所有条件。大多数连接都是可靠的 TCP 连接，也有连接使用的是不可靠的 UDP 连接，需要根据实际情况进行选择使用。

基于 TCP Socket 的操作流程如图 11.1 所示。

服务端使用 socket() 创建 Socket 对象，Socket 对象可以绑定服务器的端口用于监听客户端连接，然后等待客户端连接。当客户端连接成功后，客户端和服务端都可以收发数据。当服务端中止服务时，使用 close() 关闭连接。

客户端也是创建 Socket 对象，然后连接服务端，连接成功可以收发数据，使用完毕需要关闭连接。

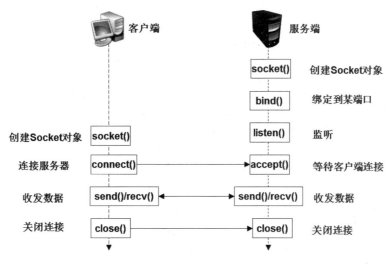

图 11.1　TCP Socket 操作流程

1．TCP

（1）使用浏览器访问网页时使用的是 TCP 连接，浏览器实际上就是完成了 socket 网络编程。下面我们通过使用 Python 实现 TCP 访问网页数据客户端的程序，示例代码如下：

```
import socket                # 导入 socket 模块
# 创建一个 socket:
s = socket.socket(socket.AF_INET, socket.SOCK_STREAM)
# 建立连接：指定服务器 IP 地址和端口号，域名可以自动转换为 IP 地址
s.connect(('www.baidu.com', 80))
s.send('GET / HTTP/1.1\r\nHost: www.baidu.com\r\nConnection: close\r\n\r\n')
                                        // 获取网页数据

buffer = []
while True:
# 每次最多接收 1k 字节：
    d = s.recv(1024)
    if d:
        buffer.append(d)
    else:
        break
    data = ''.join(buffer)              // 拼接数据
s.close()                               // 关闭连接
header, html = data.split('\r\n\r\n', 1)    // 分割文件头数据和 html 内容
print header
print html
```

首先导入 socket 模块，使用 socket.socket(socket.AF_INET, socket.SOCK_STREAM)
创建连接，s.connect(('www.baidu.com', 80)) 表示和网站建立 TCP 连接，s.send('GET /
HTTP/1.1\r\nHost: www.baidu.com\r\nConnection: close\r\n\r\n') 表示访问网址，相当于使
用浏览器访问网址。然后使用 s.recv(1024) 接收网页的数据，每次最多接收 1024 个字节，
接收数据后一定要把连接关闭。最后输出头文件和 html 的内容。执行结果如下：

```
Set-Cookie: BIDUPSID=58C2333216471454275B532F4AC189F9; expires=Thu, 31-Dec-37 23:55:55
    GMT; max-age=2147483647; path=/; domain=.baidu.com
Set-Cookie: PSTM=1480735465; expires=Thu, 31-Dec-37 23:55:55 GMT; max-age=2147483647;
    path=/; domain=.baidu.com
// 省略内容
<html>
<head>
    <meta http-equiv="content-type" content="text/html;charset=utf-8">
    <meta http-equiv="X-UA-Compatible" content="IE=Edge">
    <link rel="dns-prefetch" href="//b1.bdstatic.com"/>
    <title> 百度一下，你就知道 </title>
// 省略内容
```

（2）服务端程序比客户端程序要复杂，要监听服务的端口，等待客户连接。连接
建立后，根据程序处理逻辑进行数据交互。通常连接服务器的客户端会有很多，服务
器要区分是哪一台客户端创建的连接，服务器地址、服务器端口、客户端地址、客户
端端口用来确定是哪一个 Socket。

另外，每个连接都需要一个新的进程或者新的线程来处理，否则，服务器一次就
只能服务一个客户端了。

下面编写一个服务器端的示例，示例代码如下：

```
# -*- coding: utf-8 -*-
import threading
import socket
import time
def tcplink(sock, addr):
    print u' 接受新的连接 %s:%s...' % addr
    sock.send(' 欢迎 !')
    while True:
        data = sock.recv(1024)              // 接收客户端数据
        time.sleep(1)
        if data == 'exit' or not data:      // 数据是 "exit" 退出
            break
        sock.send(' 你好 , %s!' % data)      // 发送信息给客户端
    sock.close()                            // 关闭连接
    print u' 连接来自 %s:%s 关闭 .' % addr

# 创建一个 socket:
s = socket.socket(socket.AF_INET, socket.SOCK_STREAM)   // socket.SOCK_STREAM 表示 TCP
```

```
s.bind(('127.0.0.1', 10000))              // 监听本机的 10000 端口
s.listen(5)                               // 最多 5 个客户端连接
print u' 等待客户端连接 ...'
while True:
# 接受一个新连接 :
    sock, addr = s.accept()
# 创建新线程来处理 TCP 连接 :
    t = threading.Thread(target=tcplink, args=(sock, addr))
    t.start()
```

socket.SOCK_STREAM 指定使用 TCP 协议，使用 s.bind(('127.0.0.1', 10000)) 监听本机的 10000 端口，s.listen(5) 设置最多可以有 5 个连接同时进行，sock, addr = s.accept() 表示接受客户端连接并返回 socket 和地址信息。之后就是使用 sock.send() 发送数据，sock.recv(1024) 接收数据。最后使用 sock.close() 关闭连接，这里是针对当前的 socket 断开连接，并不是把整个服务器关闭。对每一个客户端的连接都是开启新的线程进行处理，也就是同时可以有多个客户端一起连接。

下面编写客户端的代码，示例代码如下：

```
import socket
s = socket.socket(socket.AF_INET, socket.SOCK_STREAM)
# 建立连接 :
s.connect(('127.0.0.1', 10000))
# 接收欢迎消息 :
print s.recv(1024).decode('utf-8')
for data in ['Jack', 'Tom', 'Mike']:
# 发送数据 :
    s.send(data)
    print s.recv(1024).decode('utf-8')
s.send('exit')
s.close()
```

s.connect(('127.0.0.1', 10000)) 表示连接本地的 10000 端口，首先使用 s.recv (1024). decode('utf-8') 接收服务端发送过来的消息，然后在 for 循环中向服务端发送消息并输出服务器回传的消息。最后使用 s.send('exit') 通知服务端程序结束并关闭连接。

通过服务端和客户端代码可以看出，使用 socket 创建好连接后，交互数据是由程序进行控制处理的，接收和发送消息是两方互相协作的过程。

在一个 CMD 窗口中先执行服务端程序，再开启另一个 CMD 窗口执行客户端程序，执行结果如下所示：

```
// 服务端结果
D:\Python27\myTest>5-1.py
等待客户端连接 ...
接受新的连接 127.0.0.1:6952...          // 执行第一遍客户端程序
连接来自 127.0.0.1:6952 关闭 .
接受新的连接 127.0.0.1:7787...          // 执行第二遍客户端程序
```

连接来自 127.0.0.1:7787 关闭 .

```
// 客户端结果
D:\Python27\myTest>5-2.py
欢迎 !
你好 , Jack!
你好 , Tom!
你好 , Mike!


D:\Python27\myTest>5-2.py
欢迎 !
你好 , Jack!
你好 , Tom!
你好 , Mike!
```

执行了 2 遍客户端程序，接收消息正常后程序退出。在服务器端可以看到 socket
连接的信息，每次客户端使用的端口是不同的，第一遍是 6952，第二遍是 7787，这是
因为端口号是由客户端自动分配的空闲端口，创建连接后就会被占用，当关闭连接，
下次连接时会分配新的端口号。服务端只需要根据每次连接的 socket 信息，进行连接
服务即可。

TCP 连接方式是一种可靠的方式，创建连接后，服务端和客户端都是在连接通道
上进行数据交互，保证数据能够准确地到达目的主机。

2. UDP

使用 UDP 协议时，不需要建立连接，只需要知道对方的 IP 地址和端口号，就可
以直接发送数据包，并不保证数据能够到达。虽然用 UDP 传输数据不可靠，但它的优
点是速度快，对于不要求可靠到达的数据，就可以使用 UDP 协议。

下面我们编写基于 UDP 的服务端程序，示例代码如下：

```python
# -*- coding: utf-8 -*-
import threading
import socket
import time
s = socket.socket(socket.AF_INET, socket.SOCK_DGRAM)    // socket.SOCK_DGRAM 表示 UDP
# 绑定端口 :
s.bind(('127.0.0.1', 10000))
print u' 监听 UDP 端口 10000...'
while True:
# 接收数据 :
    data, addr = s.recvfrom(1024)                       // 接收消息
    print u' 接收 %s:%s.' % addr
    s.sendto('hello, %s!' % data, addr)                 // 发送消息
```

socket.SOCK_DGRAM 指定使用 UDP 协议，s.bind(('127.0.0.1', 10000)) 监听 10000
端口，然后使用 s.recvfrom(1024) 接收数据，s.sendto() 发送数据。相比 TCP 的方式，
省略了创建连接的语句。

下面我们编写客户端程序，示例代码如下：

```
import socket
s = socket.socket(socket.AF_INET, socket.SOCK_DGRAM)
for data in ['Jack', 'Tom', 'Mike']:
# 发送数据：
    s.sendto(data, ('127.0.0.1', 10000))
# 接收数据：
    print s.recvfrom(1024)
```

使用 socket.SOCK_DGRAM 指定使用 UDP 协议，使用 s.sendto() 和 s.recvfrom(1024) 发送和接收信息。

输出结果如下所示：

```
// 服务端
D:\Python27\myTest>5-1.p
监听 UDP 端口 10000...
接收 127.0.0.1:52721.
接收 127.0.0.1:52721.
接收 127.0.0.1:52721.

// 客户端
D:\Python27\myTest>5-2.py
('hello, Jack!', ('127.0.0.1', 10000))
('hello, Tom!', ('127.0.0.1', 10000))
('hello, Mike!', ('127.0.0.1', 10000))
```

服务端和客户端收发消息都是正常的，但是在互联网上进行数据交互时，因为网络延迟等多种因素的影响，使用 UDP 就会出现数据不能正常到达的情况。上面代码中可以明显看到并没有创建连接和关闭连接的语句，因为 UDP 不需要创建连接，当前主机只是发送或接收消息，至于到不到达并不关心。下载文件或视频类的互联网服务中采用的是 UDP 的方式，它能保证快速地接收数据，如果丢失某些数据，则使用其他机制进行重传。

11.2.2　Python 实现简单的聊天程序

（1）使用 Python 的 Tkinter 模块可以构建网络聊天程序的图形用户界面。要创建并运行 GUI 程序，需要执行以下五个步骤：

1）导入 Tkinter 模块

2）创建一个顶层窗口对象来容纳聊天程序的界面

3）在顶层窗口对象上，创建所有的 GUI 模块及功能

4）把这些 GUI 模块与底层程序代码相连接

5）进入主事件循环

（2）在构建好聊天程序界面后，可以使用 tkFont 指定组件显示文本的字体。创建一个字体对象的操作步骤：

11
Chapter

1）导入 tkFont 模块

2）使用 Font 类的构造方法创建字体对象

（3）要实现网络聊天程序的开发，还需要使用 Python 的 Socket 模块和 threading 模块。

具体实现过程请上课工场 APP 或官网 www.kgc.cn 观看视频。

11.3 同步、异步、阻塞和非阻塞

在进行网络编程时，我们常常要用到同步、异步、阻塞和非阻塞四种调用方式，本节将具体讲解 Python 中对这四种方式的实现方法。

11.3.1 简介

同步、异步、阻塞和非阻塞这些方式并不好理解，下面简单解释这些术语的概念：

同步：所谓同步，就是在发出一个功能调用时，在没有得到结果之前，该调用就不返回。按照这个定义，其实绝大多数函数都是同步调用。

异步：异步的概念和同步相对。当一个异步调用发出后，调用者不能立刻得到结果。实际处理这个调用的函数在完成后，通过状态、通知或回调来通知调用者。

阻塞：阻塞是指调用结果返回之前，当前线程会被挂起，函数只有在得到结果之后才会返回。有人也许会把阻塞调用和同步调用等同起来，实际上它们是不同的。对于同步调用来说，很多时候当前线程还是激活的，只是从逻辑上当前函数没有返回而已。

非阻塞：非阻塞和阻塞的概念相对应，指在不能立刻得到结果之前，该函数不会阻塞当前线程，而会立刻返回。

看完概念介绍，可能我们还是无法理解它们的含义，下面举例进行对比：

同步：当我们去银行的 ATM 机取钱，需要排队，只有排到时才能取，也就是我们为了取钱，一直处于排队等待的状态，需要时刻关注是否排到了自己。

异步：在银行的大厅取钱，可以先领取一个号码，然后在座位上等待，广播通知号码时再去柜台取钱。这个过程是被动的，不需要再关注是否排到了自己，只需要等待广播通知即可。

阻塞和非阻塞，这两个概念与等待消息时的状态有关，无所谓同步或者异步。

阻塞：当我们等待取钱时，如果不能做其他事情，比如不能打电话、发短信，就是阻塞。

非阻塞：当我们等待取钱时，如果可以做其他事情，比如打电话、发短信，就是非阻塞。

很明显，同步和异步对应，阻塞和非阻塞对应，它们可以组成四种调用方式，同步阻塞、同步非阻塞、异步阻塞、异步非阻塞，但异步阻塞实际上是没有的，这种方式也没有意义。

11.3.2　实现同步、异步、阻塞和非阻塞

1.　同步阻塞

实现同步阻塞方式，实际上使用 socket 模块就是同步方式，而且它默认是阻塞的。服务端代码如下：

```
import socket
def start():
    sock = socket.socket(socket.AF_INET, socket.SOCK_STREAM)
    sock.bind(('127.0.0.1', 8888))
    sock.listen(1)
    clientsock,clientaddr = sock.accept()
    print 'Connected by', clientaddr
    while True:
        data = clientsock.recv(1024)
        if not data:break
        clientsock.send(data)
        print 'data=',data
    clientsock.close()
    sock.close()
if __name__ == "__main__":
    start()
```

服务端代码的意思是监听本地的 '8888' 端口，首先使用函数 accept() 等待客户端连接，然后函数 recv() 收到客户端的数据后，函数 send() 把数据返回给客户端。下面是客户端的代码：

```
import socket
def client():
    sock = socket.socket(socket.AF_INET, socket.SOCK_STREAM)
    sock.connect(('127.0.0.1', 8888))
    while(1):
        print u' 请输入要发送的字符串：'
        k = raw_input()
        sock.send(k)
        data= sock.recv(1024)
        print 'Received',data
    sock.close()
if __name__ == "__main__":
    client()
```

客户端代码的意思是连接本地的 '8888' 服务端口，使用函数 raw_input() 接收键盘输入的字符串，使用函数 send() 发送给服务端，函数 recv() 接收服务端返回的字符串。

首先在 Python 的 IDE 中运行服务端代码，然后在命令行中运行客户端代码，输出的结果如下：

```
// 服务端输出
>>>
Connected by ('127.0.0.1', 47839)
data= 你好
data= 数据

// 客户端输出
D:\Python27\myTest>client.py
请输入要发送的字符串：
你好
Received 你好
请输入要发送的字符串：
数据
Received 数据
```

当客户输入的数据可以正常返回，说明代码是运行正常的。现在使用的就是同步阻塞方式，当执行函数 recv()、send() 时，如果暂时没有数据需要处理，它们是处于等待的状态，只有数据产生时，才会继续执行。

2. 同步非阻塞

实现同步非阻塞方式，使用 socket 模块的 sock.setblocking(0) 方法，可以设置为非阻塞方式。服务端代码如下：

```python
import socket,time                  // 导入 time
def start():
    sock = socket.socket(socket.AF_INET, socket.SOCK_STREAM)
    sock.bind(('127.0.0.1', 8888))
    sock.listen(1)
    clientsock,clientaddr = sock.accept()
    print 'Connected by', clientaddr
    while True:
        data = clientsock.recv(1024)
        if not data:break
        time.sleep(2)               // 睡眠 2 秒
        clientsock.send(data)
        print 'data=',data
    clientsock.close()
    sock.close()
if __name__ == "__main__":
    start()
```

客户端代码如下：

```python
import socket
def client():
    sock = socket.socket(socket.AF_INET, socket.SOCK_STREAM)
    sock.connect(('127.0.0.1', 8888))
```

```
sock.setblocking(0)                    // 设置非阻塞模式
  while(1):
    print u' 请输入要发送的字符串：'
    k = raw_input()
    sock.send(k)
    data= sock.recv(1024)
    print 'Received',data
  sock.close()
if __name__ == "__main__":
  client()
```

执行的结果如下：

```
// 服务端输出
>>>
Connected by ('127.0.0.1', 48671)
data= 111

Traceback (most recent call last):
  File "D:/Python27/myTest/Server.py", line 22, in <module>
    start()
  File "D:/Python27/myTest/Server.py", line 13, in start
    data = clientsock.recv(1024)
error: [Errno 10053]

// 客户端输出
D:\Python27\myTest>client.py
```

请输入要发送的字符串：

```
111
Traceback (most recent call l
  File "D:\Python27\myTest\Cl
    client()
  File "D:\Python27\myTest\Cl
    data= sock.recv(1024)
socket.error: [Errno 10035]
```

　　因为在服务端接收数据后，等待 2 秒后才返回给客户端，此时客户端设置的是非阻塞方式，也就是客户端执行函数 recv() 时，需要等待 2 秒才能得到服务端返回的数据，非阻塞方式不允许有等待发生，所以会产生异常。

　　对比同步的阻塞和非阻塞方式，阻塞允许数据不立即返回，但它会一直处于等待接收数据的状态中，不能执行其他操作。而非阻塞不允许数据不立即返回，返回不及时，会产生异常，可以捕获异常，再进行其他的程序操作。也就是说程序不会一直是等待的状态，一旦出现异常，就可以去处理其他的程序操作。

3. 异步非阻塞

实现异步非阻塞方式，可以使用 Asyncore 模块实现异步方式，它也是用于网络处理的模块。前面提到异步阻塞是没有意义的，所以只有非阻塞的方式。Asyncore 模块常用的方法如表 11-2 所示。

表 11-2　Asyncore 模块常用方法

方法	描述
handle_read()	当 socket 有可读的数据的时候执行这个方法，可读的数据的判定条件就是看方法 readable() 返回为 True 还是 False。即 readable() 返回为 True 的时候执行该方法
handle_write()	当 socket 有可写的数据的时候执行这个方法，可写的数据的判定条件就是看方法 writable() 返回为 True 还是 False。即 writable() 返回为 True 的时候执行该方法
handle_expt()	当 socket 通信过程中出现 OOB 异常的时候执行该方法
handle_connect()	当有客户端连接的时候，执行该方法进行处理
handle_close()	当连接关闭的时候执行该方法
handle_error()	当通信过程中出现异常并且没有在其他的地方进行处理的时候执行该方法
handle_accept()	当作为 server socket 监听且有客户端连接的时候，利用这个方法进行处理
readable()	缓冲区是否有可读数据
writable()	缓冲区是否有可写数据

下面我们看异步非阻塞的示例，服务端依然可以使用 socket 模块编写，示例代码如下：

```python
import socket ,time
def start():
    sock = socket.socket(socket.AF_INET, socket.SOCK_STREAM)
    sock.bind(('127.0.0.1', 8888))
    sock.listen(1)
    clientsock,clientaddr = sock.accept()
    print 'Connected by', clientaddr
    while True:
        data = clientsock.recv(1024)
        if not data:break
print 'data=',data
        clientsock.send('first:'+data)        // 第一次返回数据
        time.sleep(2)
        clientsock.send('second:'+data)       // 第二次返回数据
    clientsock.close()
    sock.close()
if __name__ == "__main__":
    start()
```

客户端使用 asyncore 模块编写异步代码，示例代码如下：

```python
import asyncore, socket,time
class HTTPClient(asyncore.dispatcher):
    def __init__(self, host, port):
        asyncore.dispatcher.__init__(self)
        self.create_socket(socket.AF_INET, socket.SOCK_STREAM)
        self.connect( (host, port) )
        self.buffer = 'hello world'
    def handle_connect(self):
        pass
    def handle_close(self):
        self.close()
    def handle_read(self):
        strReceive = self.recv(1024)
        print '------------handle_read'+' Receive:'+strReceive
    def writable(self):
        return (len(self.buffer) > 0)
    def handle_write(self):
        print '------------handle_write'+' :'+self.buffer
        sent = self.send(self.buffer)
        self.buffer = self.buffer[sent:]
client = HTTPClient('127.0.0.1', 8881)
asyncore.loop()
```

编写异步客户端主要是继承 asyncore.dispatcher，覆盖它的几个方法，handle_read() 是读取服务器传回数据的方法，handle_write() 是传数据到服务器的方法，writable() 是判断是否需要执行 handle_write() 的方法。本例中没有使用 readable() 方法，它是判断是否执行 handle_read() 的依据。代码的结构非常清晰，读和写使用了不同的方法。它的执行结果如下：

```
// 服务端输出
>>>
Connected by ('127.0.0.1', 2665)
data= hello world

// 客户端输出
D:\Python27\myTest>Client.py
------------handle_write :hello world
------------handle_read Receive:first:hello world
------------handle_read Receive:second:hello world
```

当传给服务端 1 次数据，服务端返回了 2 次数据，客户端都可以正常的接收到。在这个过程中，客户端会轮询 readable() 和 writable() 方法，如果返回 Ture，就会执行对应的读写方法，程序的执行顺序完全不需要关注，只需要完全相互独立的读写方法即可。

11.4 线程高级编程

同时执行多个任务时，各个任务之间并不是没有关联的，而是需要相互通信和协调。有时，任务 1 必须暂停等待任务 2 完成后才能继续执行；有时，任务 3 和任务 4 又不能同时执行。所以，多进程和多线程有很复杂的情况需要处理，下面列出了这些方法和使用方式。

（1）threading.Lock()：互斥锁，避免多个线程同时修改同一块数据。

方法介绍：

① acquire()

　　　加锁。

② release()

　　　解锁。

示例代码如下：

```python
# -*- coding: utf-8 -*-
import threading

def add():
    lock.acquire()
    global number
    number += 1
    lock.release()

if __name__ == "__main__":
    lock = threading.Lock()
    number = 0
    threading_list = []
    for _ in range(10000):
        t = threading.Thread(target=add)
        threading_list.append(t)
        t.start()
    [ t.join() for t in threading_list ]
    print number
```

（2）threading.RLock()：递归锁，避免锁中有锁。

方法介绍：

① acquire()

　　　加锁。

② release()

　　　解锁。

示例代码如下：

```
# -*- coding: utf-8 -*-

import threading

def run2():
    lock.acquire()
    print "run run2 method~"
    lock.release()

def run1():
    lock.acquire()
    print "run run1 method~"
    run2()
    lock.release()

if __name__ == "__main__":
    lock = threading.RLock()
    t = threading.Thread(target=run1)
    t.start()
    t.join()
```

（3）threading.BoundedSemaphore([value])：信号量，用于控制线程数量。

方法介绍：

① acquire()

　　加锁。

② release()

　　解锁。

示例代码如下：

```
# -*- coding: utf-8 -*-
import threading
import time

def run(number):
    semaphore.acquire()
    print "Task ID:{}".format(number)
    time.sleep(1)
    semaphore.release()

if __name__ == "__main__":
    semaphore = threading.BoundedSemaphore(5)
    threading_list = []
    for number in range(1,21):
        t = threading.Thread(target=run, args=(number,))
```

```
        t.start()
        threading_list.append(t)
    [ t.join() for t in threading_list ]
```

（4）with：Lock、RLock 和 BoundedSemaphore 对象可以用作 with 语句的上下文
管理器。进入该代码块时将调用 acquire() 方法，退出代码块时则调用 release()。

示例代码如下：

```
# -*- coding: utf-8 -*-

import threading

def add():
    lock.acquire()
    global number
    number += 1
    lock.release()

if __name__ == "__main__":
    lock = threading.Lock()
    number = 0
    threading_list = []
    for _ in range(10000):
        t = threading.Thread(target=add)
        threading_list.append(t)
        t.start()
    [ t.join() for t in threading_list ]
    print number
// 等同于
# -*- coding: utf-8 -*-
import threading

def add():
    with lock:
        global number
        number += 1

if __name__ == "__main__":
    lock = threading.Lock()
    number = 0
    threading_list = []
    for _ in range(10000):
        t = threading.Thread(target=add)
        threading_list.append(t)
        t.start()
    [ t.join() for t in threading_list ]
    print number
```

（5）threading.Event()：事件对象是线程间最简单的通信机制之一。每个事件对象管理一个内部标志，可以在事件对象上调用 set() 方法将内部标志设为 True，调用 clear() 方法将内部标志重置为 False。在事件对象调用 wait() 方法时，线程将阻塞，直到事件对象的内部标志被设为 True。

方法介绍：

① set()

　　设置标记为 True。

② clear()

　　设置标记为 False。

③ wait()

　　在事件对象调用 wait() 方法时，线程将阻塞直到内部标志被设置为 True。

④ isSet()

　　判断标记是否被设置。

示例代码如下：

```python
# -*- coding: utf-8 -*-
import threading
import time

def light():
    """
    3s 红灯
    2s 绿灯
    1s 黄灯
    """
    global event

    i = 0
    while True:
        if i < 3:
            print "\033[41;1m 红灯 \033[0m"
            event.clear()
        elif i < 5:
            print "\033[42;1m 绿灯 \033[0m"
            event.set()
        elif i < 6:
            print "\033[43;1m 黄灯 \033[0m"
            event.set()
            i = -1
        i += 1
        time.sleep(1)
```

```
def car(number):
    global event
    while True:
        if event.isSet():
            print " 汽车 [{}] 奔跑。。 ".format(number)
        else:
            print " 汽车 [{}] 等待。。 ".format(number)
        time.sleep(1)

if __name__ == "__main__":
    event = threading.Event()
    l = threading.Thread(target=light)
    l.start()
    for i in range(1,6):
        c = threading.Thread(target=car, args=(i,))
        c.start()
```

（6）threading.local()：为多个线程提供不共享空间。

示例代码如下：

```
# -*- coding: utf-8 -*-

import threading

def run(number):
    global local
    print "BEGIN local: {}".format(local.__dict__)
    local.name = number
    print "END local: {}".format(local.__dict__)

if __name__ == "__main__":
    local = threading.local()
    print local.__dict__
    local.name = "MAIN"
    print local.__dict__
    for number in range(1, 3):
        t = threading.Thread(target=run, args=(number,))
        t.start()
```

（7）threading.Timer()：定时器，一个线程，它在一个指定的时间间隔之后执行一个函数。

示例代码如下：

```
# -*- coding: utf-8 -*-

import threading

def run():
    print "hello world~"
```

```
if __name__ == "__main__":
    timer = threading.Timer(2, run)
    timer.start()
```

关于线程间通信、线程池及多进程的介绍请上课工场 APP 或官网 kgc.cn 观看视频。

11.5　协程

协程（Coroutine），又称微线程，实际上子程序就是协程的一种特例。

子程序，或者称为函数，在所有语言中都是层级调用，比如 A 调用 B，B 在执行过程中又调用了 C，C 执行完毕返回，B 执行完毕返回，最后是 A 执行完毕。所以子程序调用是通过栈实现的，一个线程就是执行一个子程序。子程序调用总是有一个入口，一次返回，调用顺序是明确的。而协程的调用和子程序不同。协程看上去也是子程序，但执行过程中，在子程序内部可中断，然后转而执行别的子程序，在适当的时候再返回来接着执行。在一个子程序中中断，去执行其他子程序，不是函数调用，有点类似 CPU 的中断。

协程的执行有点像多线程，但协程的特点是一个线程执行。最大的优势就是协程拥有极高的执行效率，因为子程序切换不是线程切换，而是由程序自身控制。因此，没有线程切换的开销，和多线程相比，线程数量越多，协程的性能优势就越明显。其次，协程不需要多线程的锁机制，因为只有一个线程，也不存在同时写变量冲突，在协程中控制共享资源不加锁，只需要判断状态即可，所以执行效率比多线程高很多。

Python 通过 yield 提供了对协程的基本支持，而第三方的 gevent 为 Python 提供了比较完善的协程支持。使用 gevent 可以获得极高的并发性能。

关于 gevent 更详细的介绍请上课工场 APP 或官网 kgc.cn 观看视频。

本章总结

- 进程（Process）是应用程序正在执行的实体。每个进程至少要干一件事，所以，启动任何程序时都是打开了一个进程，一个进程中至少有一个线程。
- Python 支持使用多线程，程序代码可以在一个进程空间中操作管理多个执行的线程。Python 支持多线程的模块叫做 threading。
- 大多数连接都是可靠的 TCP 连接，也有连接使用的是不可靠的 UDP 连接，需要根据实际情况进行选择使用。
- Python 的 Socket 模块采用同步方式，Asyncore 模块采用异步方式。
- 协程（Coroutine），又称微线程，第三方的 gevent 为 Python 提供了比较完善的协程支持。

11 Chapter

本章作业

1. 同步、异步、阻塞和非阻塞的含义是什么？

2. 使用 TCP Socket 实现服务器自动回复功能，交互内容如下所示。

客户端发送消息	服务端回复消息
1	good morning
2	good afternoon
3	good evening

第12章

序列化与数据结构

技能目标

- 掌握 Python 序列化
- 掌握数据结构及其应用

本章导读

在编程语言中变量并不能直接保存到硬盘，而是需要一个序列化的过程，我们把变量从内存中变成可存储或传输的过程称为序列化。在程序运行的过程中，如果我们要在不同的编程语言之间传递对象，就必须把对象序列化为标准格式，比较好的方法是序列化为 JSON。

数据结构对于任何语言来说都是非常重要的组成部分。在编程语言中，简单的数据一般已经提供了数据结构类型，复杂的数据需要自定义数据结构。

知识服务

12.1 序列化 &JSON

12.1.1 序列化

1. 序列化简介

在程序运行的过程中，所有的变量都存储在内存中，对变量的修改也是对内存中数据的修改。一旦程序结束，变量所占用的内存就被操作系统全部回收，并不能像硬盘一样长久保存数据。有时我们需要在退出程序时保留程序中的变量值，当下次重新运行程序时，将变量值恢复到上次运行的状态，这就需要把内存中的数据保存到硬盘中以供下次使用。

在编程语言中变量并不能直接保存到硬盘，而需要一个序列化的过程，我们把变量从内存中变成可存储或传输的过程称之为序列化，在 Python 中叫 pickling，在其他语言中也被称之为 serialization、marshalling、flattening 等。序列化之后，就可以把序列化后的内容写入硬盘，或者通过网络传输到别的机器上。反过来，把变量内容从序列化的对象重新读入内存里称之为反序列化，即 unpickling。

Python 提供两个模块来实现序列化：cPickle 和 pickle。这两个模块功能是一样的，区别在于 cPickle 是 C 语言写的，速度快；pickle 是 Python 写的，速度慢，跟cStringIO 和 StringIO 一个道理。用的时候，可以先尝试导入 cPickle，如果失败，再导入 pickle。

```
try:
    import cPickle as pickle
except ImportError:
    import pickle
```

2. 序列化相关方法

pickle 模块中常用的方法有：

（1）pickle.dump(obj, file, protocol=None,)：

必填参数 obj 表示将要封装的对象；

必填参数 file 表示 obj 要写入的文件对象，file 必须以二进制可写模式打开，即 'wb'；

可选参数 protocol 表示告知 pickler 使用的协议，支持的协议有 0,1,2,3：

0：ASCII 协议，所序列化的对象使用可打印的 ASCII 码表示。

1：老式的二进制协议。

2：2.3 版本引入的新二进制协议，相较以前更为高效。其中协议 0 和 1 兼容老版本的 python。

（2）pickle.load(file,*,fix_imports=True, encoding="ASCII", errors="strict")：

必填参数 file 必须以二进制可读模式打开，即 'rb'，其他都为可选参数。

（3）pickle.dumps(obj)：以字节对象形式返回封装的对象，不需要写入文件中。

（4）pickle.loads(bytes_object)：从字节对象中读取被封装的对象，并返回。

3. 实现序列化

首先，我们尝试把对象序列化并写入文件：

```
import pickle
dicData = {'data1': [2,8,4,3],
      'data2': ('str1', 'str2'),
      'data3': None}
listData = [1, 2, 3]
output = open('file.pkl', 'wb')
pickle.dump(dicData, output)
pickle.dump(listData, output, -1)
output.close()
```

pickle.dump() 直接把对象序列化后写入一个类文件对象，或者用另一个方法 pickle.dumps() 把任意对象序列化成一个 str，然后就可以把这个 str 写入文件。

打开写入的 dump.txt 文件，可以看到一堆乱七八糟的内容，这些都是 Python 保存的对象的内部信息。

当我们要把对象从磁盘中读到内存时，可以直接用 pickle.load() 方法从一个类文件对象中直接反序列化出对象。

```
import pprint, pickle
pklFile = open('file.pkl', 'rb')
data1 = pickle.load(pklFile)
print(data1)
data2 = pickle.load(pklFile)
print(data2)
pklFile.close()

// 运行结果
>>>
{'data1': [2, 8, 4, 3], 'data3': None, 'data2': ('str1', 'str2')}
[1, 2, 3]
```

当然，这 2 个变量和原来的变量是完全不相干的对象，它们只是内容相同而已。pickle 的问题和所有其他编程语言特有的序列化问题一样，就是它只能用于 Python 中，并且可能不同版本的 Python 彼此都不兼容，因此，只能用 pickle 保存那些不重要的数据，不能成功地反序列化也没关系。

12.1.2　JSON

在程序运行的过程中，如果我们要在不同的编程语言之间传递对象，就必须把对象序列化为标准格式，比如 XML，但更好的方法是序列化为 JSON，因为 JSON 表示出来就是一个字符串，可以被所有语言读取，也可以方便地存储到磁盘或者通过网络传输。JSON 不仅是标准格式，并且比 XML 更快，而且可以直接在 Web 页面中读取，使用非常方便。JSON 表示的对象就是标准的 JavaScript 语言的对象，JSON 和 Python 内置的数据类型如表 12-1 所示。

表 12-1

JSON 类型	Python 类型
{}	dict
[]	list
"string"	'str' 或 u 'unicode'
1234.56	int 或 float
true/false	True/False
null	None

1．json 模块

Python 内置的 json 模块提供了非常强大的 JSON 处理方式，可以方便地完成 Python 对象和 JSON 格式的相互转换。我们先看看如何把 Python 对象变成一个 JSON：

```
>>> import json
>>> person = dict(name='tom',sex='f',age=18)
>>> json.dumps(person)
'{"age": 18, "name": "tom", "sex": "f"}'
```

dumps() 方法返回一个 str，结果是标准的 JSON 格式字符串。类似地，dump() 方法可以直接把 JSON 写入一个类文件对象。要把 JSON 反序列化为 Python 对象，可以用 loads() 或者对应的 load() 方法，前者把 JSON 的字符串反序列化，后者从类文件对象中读取字符串并反序列化：

```
>>> jsonStr = '{"age": 18, "name": "tom", "sex": "f"}'
>>> json.loads(jsonStr)
{u'age': 18, u'name': u'tom', u'sex': u'f'}
```

```
>>> personDict = json.loads(jsonStr)
>>> type(personDict)
<type 'dict'>
```

通过输出结果可以看出，loads() 把字符串反序列化为 Python 的 dict 类型。

有一点需要注意，就是反序列化得到的所有字符串对象默认都是 unicode 而不是 str。由于 JSON 标准规定 JSON 编码是 UTF-8，所以我们总是能正确地在 Python 的 str 或 unicode 与 JSON 的字符串之间转换。

下面我们对保存在文件中的 json 数据进行反序列化操作，json 文件格式是 ANSI，内容如下所示：

```
{
  " 姓名 ":" 张三 ",
  " 年龄 ":"22"
}
```

对 json 文件反序列化，因为包含中文，在使用 loads() 时需要指定 GBK 编码，Python 把 GBK 编码转换为 unicode 编码。代码如下所示：

```
#-*- coding:utf-8 -*-
import json
objectJson= json.loads(open('testjson.txt').read(),encoding='gbk')
print objectJson
for key in objectJson:
    print key ,':',objectJson[key]
s= json.dumps(objectJson)
print s

// 执行结果
>>>
{u'\u5e74\u9f84': u'22', u'\u59d3\u540d': u'\u5f20\u4e09'}
年龄 : 22
姓名 : 张三
{"\u5e74\u9f84": "22", "\u59d3\u540d": "\u5f20\u4e09"}
```

2. json 进阶

现在我们知道 Python 的 dict 对象可以直接序列化为 JSON 的数据格式，不过，更多时候我们是使用 class 表示对象的。比如定义 Student 类，然后对它进行序列化操作，示例如下：

```
import json
class Student(object):
    def __init__(self, name, age, sex):
        self.name = name
        self.age = age
        self.sex = sex
```

```
// 转换函数
  def student2dict(std):
   return {
     'name': std.name,
     'age': std.age,
     'sex': std.sex
   }
s = Student('tom', 22, 'm')
// 使用转换函数
print(json.dumps(s, default=student2dict))

//结果
>>>
{"age": 22, "name": "tom", "sex": "m"}
```

Student 对象不是一个可序列化为 JSON 的对象，对类实例实现序列化需要编写对应的转换函数。因为在默认情况下，dumps() 方法不知道如何将 Student 实例转变为一个 JSON 格式数据。这里 Student 实例首先被 student2dict() 函数转换成 dict，然后再被序列化为 JSON 格式，使用 dumps() 方法中的 default 指定转换函数。

不过，这种方式的弊端非常明显，需要针对不同的类编写转换函数，下次如果遇到一个 Teacher 类的实例，照样无法序列化为 JSON。所以我们采用统一的解决方式，把任意 class 的实例变为 dict，示例如下：

```
import json
class Student(object):
  def __init__(self, name, age, sex):
     self.name = name
     self.age = age
     self.sex = sex

s = Student('tom', 22, 'm')
print(json.dumps(s, default=lambda obj: obj.__dict__))

//结果
>>>
{"age": 22, "name": "tom", "sex": "m"}
```

在 dumps() 方法中我们使用了 default=lambda obj: obj.__dict__ 参数，其中 __dict__ 属性包含类实例的所有属性，它本身就是一个 dict，用来存储实例变量，可以起到和转换函数同样的转换作用。

同样的道理，如果我们要把 JSON 反序列化为一个 Student 对象实例，首先用 loads() 方法转换出一个 dict 对象，然后，我们传入的 object_hook 函数负责把 dict 转换为 Student 实例：

```
import json
class Student(object):
```

```
        def __init__(self, name, age, sex):
            self.name = name
            self.age = age
            self.sex = sex

    def dict2student(s):
        return Student(s['name'], s['age'], s['sex'])
    json_str = '{"age": 20, "sex": "f", "name": "tom"}'

    student = json.loads(json_str, object_hook=dict2student)
    print(student)
    print(student.name)
    print(student.age)
    print(student.sex)

    // 结果
    >>>
    <__main__.Student object at 0x0000000002D23978>
    tom
    20
    f
```

输出的是反序列化的 Student 实例对象和属性值。

所以，通过 json 模块的 dumps() 和 loads() 函数，可以很方便地使用序列化和反序列化。当默认的序列化或反序列机制不能满足我们的要求时，可以传入转换函数定制序列化或反序列化的规则，从而灵活地控制转换机制。

12.2　数据结构

数据结构对于任何语言来说都是非常重要的组成部分，简单的数据在编程语言中一般已经提供了数据结构类型，复杂的数据需要自定义数据结构。

12.2.1　常用数据结构

常用的数据结构有表、栈、队列、树等，本节介绍它们在 Python 中的定义和使用情况。

1．表

表是最基本的数据结构，Python 中的元组、列表等就是表的应用，它们都是一种线性的结构。常用的实现表结构的方式有单向链表和双向链表：单向链表只提供了一个方向的链接方式，即只能从头到尾或从尾到头的去访问链接中的数据；双向链接提供了双向的链接方式。所以双向链接能带来更大的性能提升，如当需要在链表前的某个位置或链表后的某个位置插入新数据时，都可以快速地定位到相应位置，而单向链表只能在前后位置中的某一侧快速操作。

2. 栈

栈又称为堆栈，可以看做是特殊的表。栈的特点是后进先出（LIFO），就像是一个容器，即往栈里插入数据时（压栈），最先进入的数据位于栈底，而后插入的数据在它的上面，取数据时取栈顶的数据（出栈），栈不允许在中间位置做插入或删除操作。比如我们买一盒羽毛球，厂家装盒的时候是逐个把羽毛球放入到盒中，但我们取出来时，就要从最上面逐个取出，也就是先放入的后被取出。

我们可以借助列表实现一个简单的自定义栈对象，示例代码如下：

```python
class TestStack:
    def __init__(self):
        self.stack = []              // 列表用于存储栈数据
    def push(self,data):             // 压栈
        self.stack.append(data)
    def pop(self):                   // 出栈
        data = self.stack[-1]
        del self.stack[-1]
        return data

stack= TestStack()
for i in range(1,5):                 // 压栈
    stack.push(i)
    print i,': 进栈 '
for i in range(1,6):                 // 出栈
    print stack.pop(),"：出栈 "

// 结果
1：进栈
2：进栈
3：进栈
4：进栈
4：出栈
3：出栈
2：出栈
1：出栈

Traceback (most recent call last):
  File "D:/Python27/myTest/project/teststack.py", line 16, in <module>
    print stack.pop(),"：出栈 "
  File "D:/Python27/myTest/project/teststack.py", line 7, in pop
    data = self.stack[-1]
IndexError: list index out of range
```

定义了类 TestStack 为一个栈对象，列表 stack 用于存储栈中的数据。push() 方法用于压栈，使用列表的 append() 方法把新加入的数据添加到列表的末尾。pop() 方法用

于出栈，使用 self.stack[-1] 取得列表最末尾的数据，并使用 del 删除。测试时使用 for 循环压入和取出了 4 个数据，从结果可以看出，进出栈的顺序是后进先出。最后出现异常是因为程序并不完善，取数据时多取了一个，列表的索引位置发生异常。

这段代码只是用于演示栈的基本结构，在实际使用中可以对栈压入的数据的最大数量、栈是否为空、异常等情况作出处理。

3. 队列

队列也是一种特殊的表结构，它的特点是先进先出（FIFO），先进入队列的数据会先被取出。

我们也可以使用列表自定义队列结构，示例代码如下：

```
class TestQueue:
    def __init__(self):
        self.queue = []
    def inQueue(self,data):          // 入列
        self.queue.append(data)
    def outQueue(self):              // 出列
        data = self.queue[0]
        del self.queue[0]
        return data

queue= TestQueue()
for i in range(1,5):                 // 入列
    queue.inQueue(i)
    print i,': 入列 '
for i in range(1,6):                 // 出列
    print queue.outQueue(),": 出列 "
// 结果
>>>
1：入列
2：入列
3：入列
4：入列
1：出列
2：出列
3：出列
4：出列

Traceback (most recent call last):
  File "D:/Python27/myTest/project/testqueue.py", line 16, in <module>
    print queue.outQueue(),": 出列 "
  File "D:/Python27/myTest/project/testqueue.py", line 7, in outQueue
    data = self.queue[0]
IndexError: list index out of range
```

本示例与栈非常相似，使用 append() 把数据加入到列表的末尾，但取数据时使用 queue[0] 取列表中的第一条数据，最后的执行结果是先入列的先被出列。同样，在实

际使用中要做更多的处理才能完善代码。

4. 树

树是非线性的，由多个节点组成，节点之间是父子关系。如图 12.1 所示。

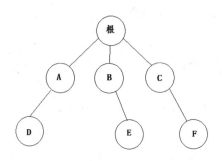

图 12.1　树

树必须有一个根节点作为起点，然后下面有多个子节点，子节点下面再有子节点。同一级的节点如 A、B、C 称为兄弟节点，根节点称为它们的父节点，它们也可以称为根节点的子节点。节点下面没有子节点，如 D、E、F 称为叶子节点。

当数据较多时使用线性结构较慢，但树要比表、栈、队列的结构复杂，创建有一定难度，树在 Python 中可以直接使用列表构建。最多有两个子节点的树称为二叉树，它是会经常使用的一种特殊的树结构。

下面我们自定义二叉树实现图 12.2 的结构，示例代码如下：

```
class Tree:
    def __init__(self,data):
        self.leftNode = None          // 左边子节点
        self.data = data              // 数据
        self.rightNode = None         // 右边子节点
    def addLeft(self,data):           // 加入左边子节点
        self.leftNode = Tree(data)
        return self.leftNode
    def addRight(self,data):          // 加入右边子节点
        self.rightNode = Tree(data)
        return self.rightNode
    def show(self):
        print self.data
root = Tree(' 根 ')
A = root.addLeft("A")
C = A.addLeft("C")
B = root.addRight("B")
D = B.addRight("D")
E = D.addLeft("E")
F = D.addRight("F")

root.show()
```

```
A.show()
B.show()
C.show()
D.show()
E.show()
F.show()

// 结果
>>>
根
A
B
C
D
E
F
```

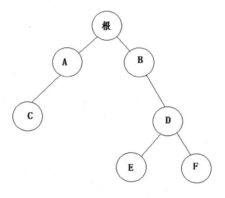

图 12.2　二叉树

因为二叉树最多只能有两个子节点，所以用 leftNode 和 rightNode 表示。可以看到二叉树的构建并不复杂，但是遍历树的方式并不简单，共有三种方式：先序遍历、中序遍历和后序遍历。先序遍历是先访问根，然后访问左子树，最后访问右子树；中序遍历是先访问左子树，然后访问根，最后是右子树；后序遍历是先访问左子树，然后访问右子树，最后访问根。

下面我们采用三种方式遍历上面创建的二叉树，示例代码如下：

```
def method1(node):              // 先序遍历
    if node.data:
        node.show()
        if node.leftNode:
            method1(node.leftNode)
        if node.rightNode:
            method1(node.rightNode)

def method2(node):              // 中序遍历
    if node.data:
```

```
        if node.leftNode:
            method2(node.leftNode)
        node.show()
        if node.rightNode:
            method2(node.rightNode)


def method3(node):                    // 后序遍历
    if node.data:
        if node.leftNode:
            method3(node.leftNode)
        if node.rightNode:
            method3(node.rightNode)
        node.show()
print ' 先序遍历 '
method1(root)
print ' 中序遍历 '
method2(root)
print ' 后序遍历 '
method3(root)

// 结果
先序遍历
根
A
C
B
D
E
F
中序遍历
C
A
根
B
E
D
F
后序遍历
C
A
E
F
D
B
根
```

12.2.2　数据结构应用

对数据进行排序是我们在编程中经常要做的事情，常用的方法有冒泡排序、快速排序等，利用二叉树进行排序也是一种非常好的选择，而且便于操作。

下面我们对一组数字"55,12,23,6,9,60,70,8"使用二叉树从小到大排序，示例代码如下：

```
def add(node,value):
    if value >node.data:              // 如果值大于当前节点的数据
        if node.rightNode:            // 如果右节点存在
            add(node.rightNode,value) // 加入到当前节点的右节点
        else:
            node.addRight(value)      // 右节点不存在，把值赋给右节点
    else:
        if node.leftNode:             // 如果左节点存在
            add(node.leftNode,value)  // 加入到当前节点的左节点
        else:
            node.addLeft(value)       // 左节点不存在，把值赋给左节点
datas = [55,12,23,6,9,60,70,8]
root = Tree(datas[0])


for i in range(1,len(datas)):
    add(root,datas[i])
```

使用函数 add() 后，构建的二叉树如图 12.3 所示。

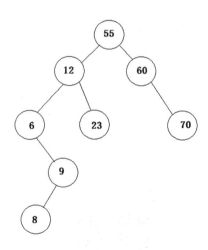

图 12.3　构建二叉树

再对二叉树进行中序遍历，就可以得到从小到大的排序结果，示例代码如下：

```
print ' 中序遍历 '
method2(root)


// 结果
>>>
中序遍历
```

```
6
8
9
12
23
55
60
70
```

本章总结

- 序列化为 JSON 数据，可以被所有语言读取，也可以方便地存储到磁盘或者通过网络传输。JSON 不仅是标准格式，并且比 XML 更快，而且可以直接在 Web 页面中读取，非常方便。
- 表、栈、队列是线性结构，可以借助 Python 的列表实现。
- 二叉树可以很便利地实现排序功能。

本章作业

1. 编写 User 类，它具有属性 name、pwd，并生成 json 格式数据，然后再使用 json 反向生成类。

2. 使用栈来判断如下 HTML 标签是否配对成功：

<html><head>kgc</head><body>hello world</body></html>

3. 对一组数字"55,12,23,6,9,60,70,8"，采用先遍历右子树的中序遍历，显示从大到小的排序。

4. 用课工场 APP 扫一扫，完成在线测试，快来挑战吧！

第13章

Python 开发应用

技能目标

- Python 实现子网划分
- Python 实现端口扫描器
- Python 开发聊天机器人

本章导读

Python 提供了一个强大的第三方模块 IPy，IPy 模块可以很好地辅助我们高效完成 IP 规划的工作。

Slack 是集合聊天群组、大规模工具集成、文件整合、统一搜索功能为一体的社交应用。通过 Slack 提供的 API，可以由用户自定义聊天机器人，与之进行对话。

知识服务

13.1 实现子网划分

IP 地址规划是网络设计中非常重要的一个环节，规划的好坏会直接影响路由协议算法的效率，包括网络性能、可扩展性等方面。在这个过程中，免不了要计算大量的 IP 地址，包括网段、网络掩码、广播地址、子网数、IP 类型等。

1. IPy 安装

Python 提供了一个强大的第三方模块 IPy（https://github.com/haypo/python-ipy/），最新版本为 V0.8.2。IPy 模块可以很好地辅助我们高效完成 ip 规划的工作。安装 IPy 有两种方式，可以使用源码安装或 yum 安装。

（1）以下是 IPy 源码的安装方式：

```
#wget https://pypi.python.org/packages/source/I/IPy/IPy-0.82.tar.gz --no-check-certificate
#tar zxf IPy-0.82.tar.gz
#cd python-ipy-IPy-0.82/
#python setup.py install
```

下载 IPy 的源码包，解压缩后执行目录中的 setup.py 文件。

（2）yum 安装方式如下：

```
yum -y install python-IPy
```

安装后使用如下命令进行验证：

```
python -c "import IPy"
```

如果没有出错，说明安装成功。

2. IP 地址、网段的基本处理

（1）IPy 模块包含 IP 类，使用它可以方便地处理绝大部分格式为 IPv6 及 IPv4 的网络和地址，比如通过 version 方法可以区分出 IPv4 和 IPv6，示例代码如下：

```
>>> from IPy import IP
>>> IP('10.0.0.0/8').version()
```

```
4
>>> IP('::1').version()
6
```

（2）通过指定的网段输出该网段的 ip 个数以及所有 ip 地址清单，示例代码如下：

```
#!/usr/bin/env python
from IPy import IP
ip = IP('192.168.0.0/16')
print ip.len()          # 输出这个网段 ip 的个数
for x in ip:            # 输出这个网段的所有 ip 地址清单
print x
```

执行结果如下：

```
65536
192.168.0.0
192.168.0.1
192.168.0.2
192.168.0.3
……
```

3. IP 类的常用的方法

下面介绍 IP 类几个常用的方法。

（1）反向解析名称、IP 类型和 IP 转换，示例代码如下：

```
>>> from IPy import IP
>>> ip = IP('192.168.1.20')
>>> ip.reverseNames() # 反向解析地址格式
['20.1.168.192.in-addr.arpa.']
>>> ip.iptype() ## 解析 ip 地址类型 PRIVATE 为私网地址格式
'PRIVATE'
>>> IP('8.8.8.8').iptype() #PUBLIC 为公网地址格式
'PUBLIC'
>>> IP('8.8.8.8').int() # 转换成整型格式
134744072
>>> IP('8.8.8.8').strHex() # 转换成十六进制格式
'0x8080808'
>>> IP('8.8.8.8').strBin() # 转换成二进制格式
'00001000000001000000010000001000'
>>> print (IP(0x8080808)) # 十六进制转换成 IP 格式
8.8.8.8
……
```

（2）IP 方法也支持网络地址的转换，例如根据 IP 与掩码生成网络格式，示例代码如下：

```
>>> from IPy import IP
>>> print (IP('192.168.1.0').make_net('255.255.255.0'))
```

```
192.168.1.0/24
>>> print (IP('192.168.1.0/255.255.255.0', make_net=True))
192.168.1.0/24
>>> print (IP('192.168.1.0-192.168.1.255', make_net=True))
192.168.1.0/24
```

（3）可以通过 strNormal 方法指定不同的 wantprefixlen 参数值，以定制不同输出类型的网段。输出类型为字符串，示例代码如下：

```
>>> IP('192.168.1.0/24').strNormal(0)
'192.168.1.0'
>>> IP('192.168.1.0/24').strNormal(1)
'192.168.1.0/24'
>>> IP('192.168.1.0/24').strNormal(2)
'192.168.1.0/255.255.255.0'
>>> IP('192.168.1.0/24').strNormal(3)
'192.168.1.0-192.168.1.255'
```

wantprefixlen 的取值及含义如下：

wantprefixlen=0, 无返回，如 192.168.1.0；

wantprefixlen=1, prefix 格式，如 192.168.1.0/24；

wantprefixlen=2, decimalnetmask 格式，如 192.168.1.0/255.255.255.0；

wantprefixlen=3, lastIP 格式，如 192.168.1.0-192.168.1.255。

4. 多网络计算方法详解

有时候我们会比较两个网段是否存在包含、重叠等关系。比如同网段但是不同 prefixlen，则会被认为是不同的网段，如 10.0.0.0/16 不等于 10.0.0.0/24。另外即使具有相同的 prefixlen 但处于不同的网络地址时，同样也被视为不相等，如 10.0.0.0/16 不等于 192.0.0.0/16。

（1）IPy 支持类似于数值型数据的比较，以帮助 IP 对象进行比较，示例代码如下：

```
>>> IP('10.0.0.0/24') < IP('12.0.0.0/24')
True
```

（2）判断 IP 地址和网段是否包含于另一个网段中，示例代码如下：

```
>>> '192.168.1.100' in IP('192.168.1.0/24')
True
>>> '192.168.1.100' in IP('192.168.0.0/24')
False
>>> '192.168.1.100' in IP('192.168.0.0/16')
True
```

（3）判断两个网段是否存在重叠，采用 IPy 提供的 overlaps 方法，示例代码如下：

```
>>> IP('192.168.0.0/23').overlaps('192.168.1.0/24')
1 # 返回 1 代表存在重叠
```

```
>>> IP('192.168.2.0').overlaps('192.168.1.0/24')
0 # 返回 0 代表不存在重叠
```

（4）下面看一个脚本示例，根据输入的 IP 或子网返回网络、掩码、广播、反向解析、子网数和 IP 类型等信息，示例代码如下：

```
#!/usr/bin/env python
from IPy import IP
ip_s = raw_input('Please input an IP or net-range:')          # 接受用户输入，接受为单个 IP 地址和
                                                               网段地址

while len(ip_s) == 0:
ip_s = raw_input('Please input an IP or net-range:')
ips = IP(ip_s)
if len(ips) > 1: ## 为一个网络地址
print ('net: %s' % ips.net()) # 输出网络地址
print ('netmask: %s' % ips.netmask()) # 输出网络掩码地址
print ('broadcast: %s' % ips.broadcast()) # 输出网络广播地址
print ('reverse address: %s' % ips.reverseNames()[0]) # 输出地址反向解析
print ('subnet: %s' % len(ips)) # 输出网络子网数
else: # 为单个 ip 地址的情况
print ('reverse address: %s' % ips.reverseNames()[0]) # 输出 ip 反向解析
print ('hexadecimal: %s' % ips.strHex()) # 输出十六进制地址
print ('binary ip: %s' % ips.strBin()) # 输出二进制地址
print ('iptype: %s' % ips.iptype()) # 输出地址类型，如：PRIVATE、PUBLIC、LOOPBACK 等
```

分别输入网段和 IP，运行后返回结果如下：

```
# python check_ip_info.py
Please input an IP or net-range:192.168.1.0/24
net: 192.168.1.0
netmask: 255.255.255.0
broadcast: 192.168.1.255
reverse address: 1.168.192.in-addr.arpa.
subnet: 256
hexadecimal: 0xc0a80100
binary ip: 11000000101010000000000100000000
iptype: PRIVATE
    # python check_ip_info.py
Please input an IP or net-range:192.168.1.1
reverse address: 1.1.168.192.in-addr.arpa.
hexadecimal: 0xc0a80101
binary ip: 11000000101010000000000100000001
iptype: PRIVATE
```

5．IP 划分案例

案例：IDC 给定一个子网 10.0.0.16/30，计算子网地址、子网掩码、广播地址和可用 IP。示例代码如下：

```
>>> IP('10.0.0.16/30').net()
IP('10.0.0.16')
>>> IP('10.0.0.16/30').netmask()
IP('255.255.255.252')
>>> IP('10.0.0.16/30').broadcast()
IP('10.0.0.19')
>>> IP('10.0.0.16/30').strNormal(2)
'10.0.0.16/255.255.255.252'
>>> IP('10.0.0.16/30').strNormal(3)
'10.0.0.16-10.0.0.19'
>>> len(IP('10.0.0.16/30'))
4
>>> for x in IP('10.0.0.16/30'):
...    print x
...
10.0.0.16
10.0.0.17
10.0.0.18
10.0.0.19
```

不同形式转换：

```
>>> IP('10.0.0.16/255.255.255.252',make_net=True)
IP('10.0.0.16/30')
>>> IP('10.0.0.16-10.0.0.19',make_net=True)
IP('10.0.0.16/30')
```

13.2　编写端口扫描器

本案例使用 Windows + Python 2.7.10。

1. 从用户方获得主机名和端口号

为了获取主机名和端口号，在程序中使用 optparse 库解析命令行参数。先调用 optparse.OptionPaser 生成一个参数解析器的实例，然后在 parser.add_option 中指定这个脚本具体要解析哪个命令行参数，示例代码如下：

```
import optparse
parser = optpares.OptionParser('usage %prog -h'+'<target host> -p <target port>')
parser.add_option('-H', dest='tgtHost', type='string', help='specify target host')
parser.add_option('-p', dest='tgtHost', type='string',help='specify target port')
(options, args) =parser.parse_args()
tgtHost = options.tgtHost
tgtPort = options.tgtPort
if (tgtHost == None) | (tgtPort ==None):
    print parser.usage
    exit(0)
```

2. 创建 connScan 和 portScan 函数

创建 connScan 和 portScan 函数，示例代码如下：

```
import optparse
form socket import *
def connScan(tgtHost, tgtPort):
  rty:
    connSkt = socket(AF_INET, SOCK_STREAM)
    connSkt.connect((tgtHost, tgtPort))
    print '[+]%d/tcp open' % tgtPort
    connSkt.close()
  except:
    print '[-]%d/tcp closed' %tgtPort
def portScan(tgtHost, tgtPorts):
  try:
    tgtIP = gethostbyname(tgtHost)
    except:
      print "[-] Cannot resolve '%s': Unknown host"%tgtHost
      return
  try:
    tgtName =gethostbyaddr(tgtIP)
    print '\n[+] Scan Results for: ' +tgtName[0]
  except:
    print '\n[+] Scan Results for: ' +tgtIP
  setdefaulttimeout(1)
  for tgtPort in tgtPorts:
    print 'Scanning port ' + tgtPort
    connScan(tgtHost, int(tgtPort))
```

portScan 函数以参数的形式接收主机名和目标端口的列表，首先会尝试用 gethostbyname() 函数确定主机名对应的 IP 地址，然后只用 connScan 函数输出主机名或 IP 地址，并使用 connScan() 函数逐个尝试连接需要连接的每个端口。connScan 函数接收两个参数：tgtHost 和 tgtPort，如成功就输出端口开放的消息，否则输出端口关闭的消息。

3. 抓取应用的 Banner

为了抓取目标主机上的应用的 Banner，需要在 connScan 函数中插入一些代码，示例代码如下：

```
def connScan(tgtHost, tgtPort):
  try:
    connSkt = socket(AF_INET, SOCK_STREAM)
    connSkt.connect((tgtHost, tgtPort))
    connSkt.send('ViolentPython\r\n')
    results = connSkt.recv(100)
```

```
        screenLock.acquire()
        print '[+]%d/tcp open'% tgtPort
        print '[+] ' + str(results)
        connSKT.close()
    except:
        print '[-]%d/tcp closed'% tgtPort
```

这样找到开放的端口后，就向它发送一个数据串并等待响应。跟进收集到的响应，就可以推断出目标主机和端口上运行的应用。

4. 线程扫描

根据套接字中的 timeout 变量的值，每扫描一个套接字都会花费几秒钟，一但要扫描多个主机和端口，时间总量就会成倍地增加。如果引入 Python 线程，就可以实现同时扫描多个套接字，而不是一个一个地进行扫描。此时需要修改 portScan() 函数中迭代循环里的代码，示例代码如下：

```
for tgtPort in tgtPorts:
    t = Thread(target=connScan, args=(tgtHost, int(tgtPort)))
    t.start()
```

这样扫描速度就有了提升，但是有一个问题，connScan() 函数会在屏幕上打印一个输出。如果多个线程同时打印输出，就可能会出现乱码和失序。为了让一个函数获得完整的屏幕控制权，需要使用一个信号量 semaphore。这个信号量能够阻止其他线程运行。在打印输出前，还需要使用 screenLock.acquire() 执行一个加锁操作。如果信号量没被锁，线程就有权继续运行输出打印；如果信号量被锁，就需要等待信号量的线程释放信号量。这样就能够保证在任何给定的时间点上，只有一个线程可以输出打印到屏幕。此时需要修改 connScan 方法，示例代码如下：

```
screenLock = Semaphore(value=1)
def connScan(tgtHost, tgtPort):
    try:
        connSkt = socket(AF_INET, SOCK_STREAM)
        connSkt.connect((tgtHost, tgtPort))
        connSkt.send('ViolentPython\r\n')
        results = connSkt.recv(100)
        screenLock.acquire()
        print '[+]%d/tcp open'% tgtPort
        print '[+] ' + str(results)
    except:
        screenLock.acquire()
        print '[-]%d/tcp closed'% tgtPort
    finally:
        screenLock.release()
        connSkt.close()
```

5. 扫描器完整脚本

根据之前的分析，把几个函数放入同一个脚本里，再添加一些参数解析代码，就可以形成最终的端口扫描器脚本了，示例代码如下：

```
import optparse
from socket import *
from threading import *

screenLock = Semaphore(value=1)
def connScan(tgtHost, tgtPort):
    try:
        connSkt = socket(AF_INET, SOCK_STREAM)
        connSkt.connect((tgtHost, tgtPort))
        connSkt.send('ViolentPython\r\n')
        results = connSkt.recv(100)
        screenLock.acquire()
        print '[+]%d/tcp open'% tgtPort
        print '[+] ' + str(results)
    except:
        screenLock.acquire()
        print '[-]%d/tcp closed'% tgtPort
    finally:
        screenLock.release()
        connSkt.close()

def portScan(tgtHost, tgtPorts):
    try:
        tgtIP = gethostbyname(tgtHost)
    except:
        print "[-] Cannot resolve '%s': Unknown host"%tgtHost
        return
    try:
        tgtName =gethostbyaddr(tgtIP)
        print '\n[+] Scan Results for: ' +tgtName[0]
    except:
        print '\n[+] Scan Results for: ' +tgtIP

    setdefaulttimeout(1)
    for tgtPort in tgtPorts:
        t = Thread(target=connScan, args=(tgtHost, int(tgtPort)))
        t.start()
def main():
    parser = optparse.OptionParser("usage%prog "+"-H <target host> -p <target port>")
    parser.add_option('-H', dest='tgtHost', type='string', help='specify target host')
    parser.add_option('-p', dest='tgtPort', type='string', help='specify target port[s] separated by comma')

    (options, args) = parser.parse_args()
    tgtHost = options.tgtHost
```

```
    print options.tgtPort

    tgtPorts = str(options.tgtPort).split(',')
    print tgtPorts

    if (tgtHost == None) | (tgtPorts[0] ==None):
        print parser.usage
        exit(0)
    portScan(tgtHost, tgtPorts)

if __name__ =="__main__":
    main()
```

首先将脚本命名为 portScan.py，这时候就可以针对某个目标运行脚本了，命令如下：

```
Python portScan.py –H 192.168.9.99–p 21,1720
```

这样就会对 192.168.9.99 这台主机的 21 号和 1720 号端口进行扫描，输出打印此主机的主机名和端口的开关状态以及占用此端口的是什么服务。此处需注意函数中的 tgtport 的 type 类型也是 string，不要使用 int，否则同时输入多个端口，只扫描第一个，后面的端口是不会被扫描到的。而且连续输入端口号只需要逗号分隔，中间不需要添加空格。

13.3 实现 Slack 聊天机器人

聊天机器人（Bot）是一种实用的互动聊天服务方式，是一个在线聊天系统，也是通过理解聊天对象的句子自动做出相应应答的一种软件，它可以代替真人进行聊天。

Slack 是集合聊天群组、大规模工具集成、文件整合、统一搜索功能为一体的社交应用。通过 Slack 提供的 API，可以由用户自定义聊天机器人，与之进行对话。

1. 准备开发环境

本案例使用 Python 语言和 Slack API 进行讲解，由以下几步组成开发环境。

（1）首先需要安装 Python，本案例使用最新的 Python2.7.12 版本，低版本的某些模块无法正常运行。如果已安装的 Python 版本较低，可以直接覆盖安装。

（2）使用 pip 安装 VirtualEnv，pip 有可能出现版本较低的问题，可以先对其进行升级，在命令行模式中执行命令如下：

```
c:\ >c:\python27\python -m pip install --upgrade pip
```

（3）安装 VirtualEnv，它可以方便地解决不同项目中对类库的依赖问题。这通常是通过以下方式实现的：首先将常用的类库安装在系统环境中；然后为每个项目安装独立的类库环境，这样可以保证每个项目都运行在独立的类库环境中。安装命令如下：

```
c:\startbot>C:\Python27\Scripts\pip.exe install virtualenv
```

（4）创建保存 Python 工程的文件夹 c:\startbot，使用 VirtualEnv 创建虚拟环境，

命令如下：

```
c:\startbot>C:\Python27\Scripts\virtualenv startbot
```

（5）激活虚拟环境，在虚拟环境中安装 Slack 的客户端模块，命令如下：

```
c:\startbot>startbot\Scripts\activate          // 激活虚拟环境命令
(startbot) c:\startbot>pip --default-timeout=100 install slackclient
// 以（startbot）开头，表示虚拟环境正常
```

激活虚拟环境后，将以 (startbot) 开头，表示虚拟环境是正常的。然后就可以安装 Slack 的客户端模块 slackclient，它里面包含了和 Slack 机器人交互的 API。因为是访问国外的网络，容易出现超时的情况，加入了参数 --default-timeout=100 之后，能保证正常安装，如果还是出现问题，请多尝试几次。

以上步骤实际上就是在虚拟环境 VirtualEnv 中，安装 Slack 的客户端 slackclient，为和 Slack 交互作准备。

2. 获取 Slack 参数

前面已经准备好了开发环境，只需要在 Slack 的官网上注册生成机器人的 ID 和令牌，就能实现和 Slack 的交互了。

（1）访问 Slack 的官方网址 https://slack.com，注册登录账户。

（2）创建聊天机器人，首先点击账户名称，在弹出的功能列表中选择 Customize Slack，如图 13.1 所示。

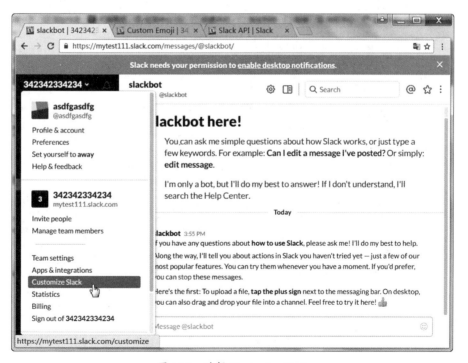

图 13.1　选择 Customize Slack

在弹出的页面左侧列表中，点击 API，如图 13.2 所示。

在弹出的页面左侧列表中，选择 Bot Users，如图 13.3 所示。

图 13.2　点击 API　　　　　　图 13.3　选择 Bot Users

点击页面中的 creating a new bot user，如图 13.4 所示。

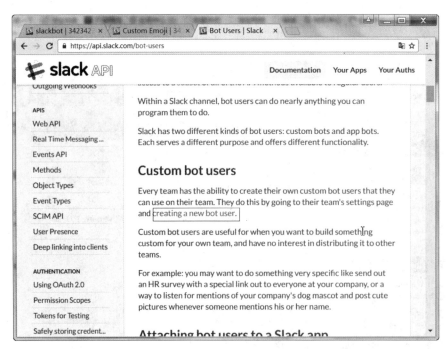

图 13.4　点击 creating a new bot user

输入自定义的机器人名称 starterbot，如图 13.5 所示。

点击 Add bot integration 后，生成令牌，用于客户端程序与服务器进行交互，如图 13.6 所示。

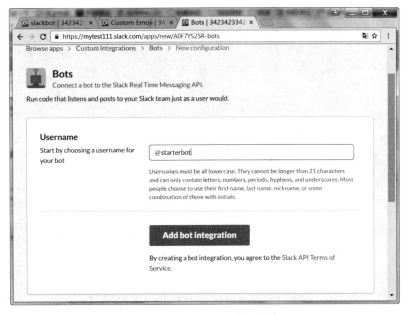

图 13.5　输入自定义的机器人名称

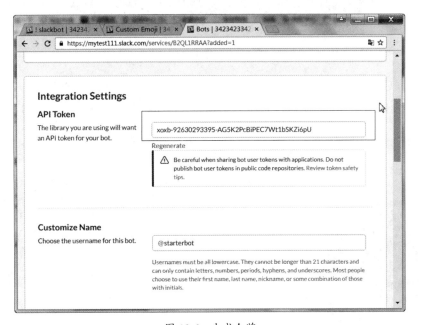

图 13.6　生成令牌

利用令牌可以获取到机器人的 ID，在目录 c:\ startbot 中编写程序 printbotid.py，代码如下：

```
import os
from slackclient import SlackClient
BOT_NAME = "starterbot"                    // 注册时的机器人的名称
```

```
// 令牌
slack_client = SlackClient("xoxb-92630293395-AG5K2PcBiPEC7Wt1bSKZi6pU")
if __name__ == "__main__":
    api_call = slack_client.api_call("users.list")
    if api_call.get('ok'):
        # retrieve all users so we can find our bot
        users = api_call.get('members')
        for user in users:
            if 'name' in user and user.get('name') == BOT_NAME:
                print("Bot ID for '" + user['name'] + "' is " + user.get('id'))
    else:
        print("could not find bot user with the name " + BOT_NAME)
```

需要注意的是，机器人名称和令牌要修改为读者自己注册的内容。在虚拟环境中执行代码后，可以生成机器人的 ID，如图 13.7 所示。

图 13.7 生成机器人 ID

生成的 U2QJJ8MBM 是机器人的 ID，用于客户端程序与服务器交互。

（3）创建新的通道，在聊天界面中点击 Create new channel，如图 13.8 所示。

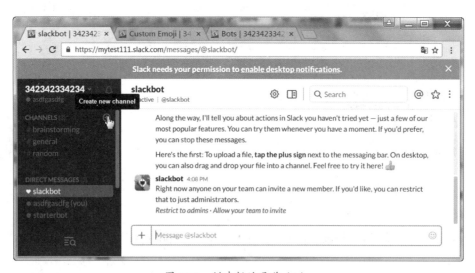

图 13.8 创建新的通道（1）

为通道命名 mytest，在 Send invites to 中选择自定义的机器人 starterbot，将其加入到通道中，如图 13.9 所示。

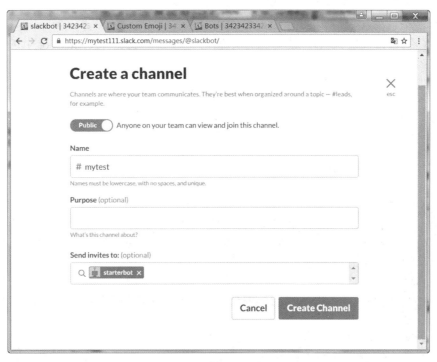

图 13.9　创建新的通道（2）

创建后的通道在通道列表中可以看到，如图 13.10 所示。

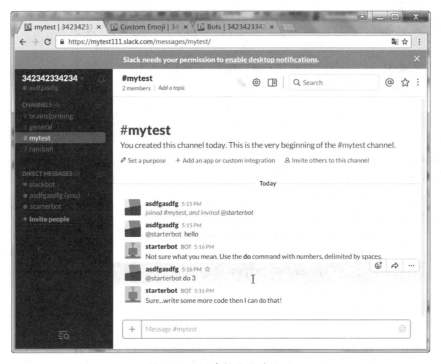

图 13.10　创建新的通道（3）

3．编码

有了令牌和机器人 ID，就可以开始编写程序了，在目录 c:\startbot 中编写程序 aaa.py，代码如下：

```python
import os
import time
from slackclient import SlackClient

BOT_ID = "U2QJJ8MBM"                    // 机器人 ID
AT_BOT = "<@" + BOT_ID + ">"
// 定义关键字对应的返回信息
DIC = {" 你好 ":" 你好！亲，有什么需要帮忙的？ "," 学 python":" 当然！在线学、面授学都可以
    "," 就业 ":" 钱途无量！ "," 报名 ":" 课工场网站首页有美女为你服务哦 "," 谢谢 ":" 不客气，
    有空找我聊啊 "}
// 使用令牌初始化 Slack 连接
slack_client = SlackClient("xoxb-92630293395-AG5K2PcBiPEC7Wt1bSKZi6pU")

// 根据接收到的用户消息返回应答消息
def handle_command(command, channel):
    response = " 什么意思 "
    for key in DIC:
// 在用户发送的消息中查找关键字，其关键字存在，则把字典中对应的消息返回
        if(command.encode('utf-8').find(key) >-1 ):
            response = DIC[key]
        // 调用返回消息的方法
        slack_client.api_call("chat.postMessage", channel=channel,
                text=response, as_user=True)

// 对接收到的服务器消息进行处理，返回值是消息内容和通道
def parse_slack_output(slack_rtm_output):
    output_list = slack_rtm_output
// 通过机器 ID 判断消息是不是发给自己的
    if output_list and len(output_list) > 0:
        for output in output_list:
            if output and 'text' in output and AT_BOT in output['text']:
                # return text after the @ mention, whitespace removed
                return output['text'].split(AT_BOT)[1].strip().lower(), \
                    output['channel']
    return None, None

if __name__ == "__main__":
    READ_WEBSOCKET_DELAY = 1 # 间隔 1 秒向服务器读取消息
    if slack_client.rtm_connect():          // 连接 Slack 服务器
```

```
        print("StarterBot connected and running!")
        while True:
            command, channel = parse_slack_output(slack_client.rtm_read())
            if command and channel:
                handle_command(command, channel)
            time.sleep(READ_WEBSOCKET_DELAY)
    else:
        print("Connection failed. Invalid Slack token or bot ID?")
```

在虚拟环境中执行代码，如图 13.11 所示。

图 13.11　执行代码

现在机器人可以正常工作了，在通道中选择新创建的通道 mytest，然后在输入框中输入内容，以 @starterbot 开头，将得到响应，如图 13.12 所示。

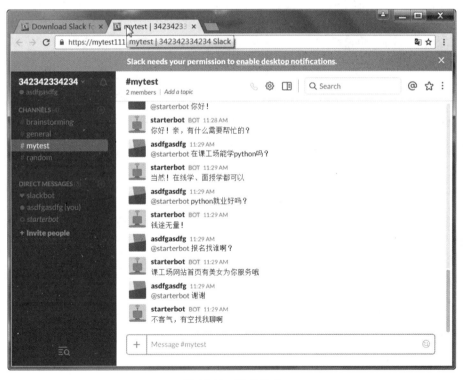

图 13.12　聊天界面

根据用户发送的消息中的关键字，返回对应的应答消息。如果需要更多的应答消息内容，需要先将其存储到数据库中，再根据一定的算法做复杂的应答处理。

本章总结

- IPy 模块可以很好地辅助我们高效完成 IP 规划的工作。
- 编写扫描脚本后，将脚本命名为 .py 文件就可以针对某个目标运行了。
- Slack 是集合聊天群组、大规模工具集成、文件整合、统一搜索功能为一体的社交应用。通过 Slack 提供的 API，可以由用户自定义聊天机器人，与之进行对话。